ed on the
ttered up.

上班族的基本功

上班族整理術

弘兼憲史

商周出版

前言

什麼是現代的整理術？

因為電腦的普及，可以想見，今日各位所需處理的資訊及業務的速度，比起以前皆大幅提升。「無紙化」（paperless）雖然減少紙本資料的堆積，卻又產生新的問題。

但是，那些不可能被取代的資料，今後會一直待在我們的辦公桌上，當你感到「周圍環境令你心煩」，不管是資料還是資訊，都一定要整理。如果不這麼做，今後將陷入工作效率不佳的窘境當中。

如何有效掌握工作效率，是上班族的首要課題，當然本身也要常意識到這個問題。但是，要使工作有效率，達到積極的工作態度，就要從周圍環境開始整理，再整理腦中的資訊。因此，「整理術」是必要的。

本書以簡單易懂的方式展開，即使「不擅長整理」的讀者，也能輕易上手，首先，盡快從看似沒問題的地方進行，然後進一步調整、實踐。讓整理術的進行變成一種習慣，周圍環境沒問題，腦中自然就變得清晰，更能提升效率。

此外，本書設有「整理的奧義」，集結各章精髓的想法，當自己藉由整理術加以調整之際，一定有幫助。希望大家好好思考，到底要先仔細閱讀各章，或是先大略看過內容。

弘兼憲史

目次

第一章

「物品」整理術

第二章

「資訊」整理術

第三章

「頭腦」整理術

第四章 「工作」整理術

後記　整理術的奧義

第一章

「物品」整理術

物品整理所需的技巧，其實非常簡單。
首先，從可以著手的部分進行，重點在
於調整至可以工作的狀態。

MONO

就用這個方法整理辦公桌的周圍環境

1 辦公桌面

辦公桌面最好不要放置任何東西，但實際上不可能做到。所以將「有利工作效率的辦公物品」放置在方便取用的位置，更為理想。

辦公桌的周圍如同基地，工作時若找不到需要的東西，就失去基地的機能了。

辦公所需要的東西，最好隨手可得，所以一定要意識到「用完的東西馬上放回原處」。如果不整理辦公桌周圍，本來數秒鐘就可以完成的動作，可能要花上數十秒，甚至數分鐘，使工作效率惡化。如此一天累積下來的份量，將使工作進度受到拖延。

不明白為什麼每天都要加班的人，實際上這可能就是問題所在。

before

文具的放置

「使用後的放置」狀態，可能會影響使用時的「搜尋」速度。

信件呈現「攤在桌面」狀態

儘管收到的信件跟明信片都已經看過，卻因無法立刻處理，就這樣攤在辦公桌上。

資料散亂

各種資料沒有經過分類的放置，是容易造成「資料遺失」的原因。

光碟片的放置

將存入資料的光碟片，赤裸的放在桌面上，易造成資料直接的損害、破損。

經過整理

after

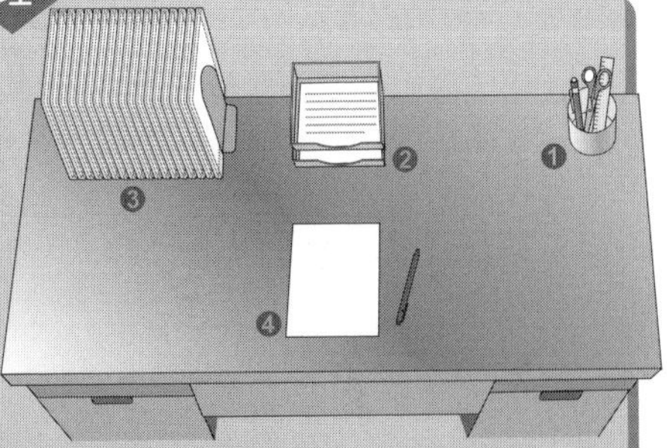

❶利用筆筒

根據拿取的習慣擺放，如果習慣用右手的人，就將筆筒擺放在辦公桌的右前方。

注：用不到的東西請丟掉，或是放進抽屜。

❷新到資料

剛收到的資料，請先放入文件架。

❸處理完的資料

歸檔，且立起放置。

❹處理中的資料

辦公桌的中央只能擺放與目前正在執行的工作相關的物品。

整理的重點

- □ 隨時將資料歸檔的意識。
- □ 不需要的信件全丟掉。
- □ 電子資料（FD、CD-R……）也要歸檔。
- □ 從別處拿來的東西一定要放回原處。
- □ 不常用的東西（幾乎用不到）的私人物品全帶回家去。
- □ 不要的資料立刻丟掉。

2 抽屜內

抽屜為辦公桌的另一個收納空間，如果有效利用，更能將東西「整理」好。

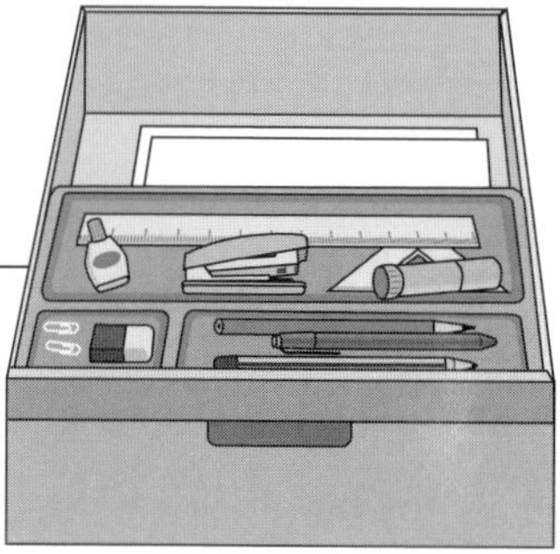

●上層抽屜

很多抽屜都附有文具收納格，可以用來擺放經常用到的文具、迴紋針、釘書機等。總之，桌面上的筆筒只能擺放經常使用的文具。筆蕊、橡皮擦、修正液等，也可以放在這個收納格。如果沒有收納格，可以到三十九元商店購買塑膠製的收納商品，放進抽屜作為間隔也不錯。

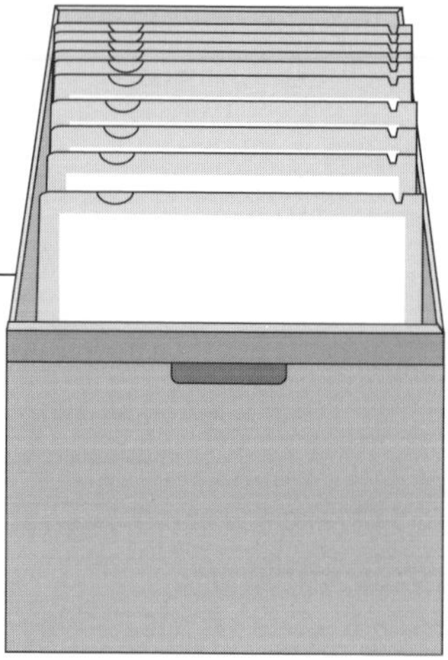

●下層抽屜

可以將A4大小的文件橫向立放。這裡應用到山根一真先生在《超級書房工作術》所介紹的「山根式信封袋的資料整理法」，以及野口悠紀雄先生在《「超」整理法》所提倡的「野口式推擠歸檔法」。

❶辦公桌上的資料存放區的公文夾，被擠到一端的資料夾（請參照左頁），當作新到手的資料，依序從外側放入抽屜。

❷抽出抽屜的資料夾時，便是再次用到的文件；用不到的資料夾，就會依序往內層移動。

❸當抽屜的資料擺滿，只要取出最裡面的資料，再依判斷是否可以丟棄；無法判斷的資料，就先放入「保留箱」中。

辦公桌上的文件

利用書擋將辦公中使用的各種文件和電子資料立放歸檔。

❶使用過的文件從左端放入，這樣一來，不使用的文件便會往右移動。

❷確認從右端取出的文件內容，判斷是不是可以丟棄，如無法判斷，就放到下層抽屜。

●正中間的抽屜

擺放每天都會用到的東西，如記錄用的筆記、日誌、單週報告等等。

●其它抽屜

可以做為某種自由空間，但是這些抽屜不是「保留箱」喔！

●中間的抽屜

大小不易使用，經常使用的東西，建議不要放在這裡，但很適合放置報告要用的紙張、信紙、信封等。

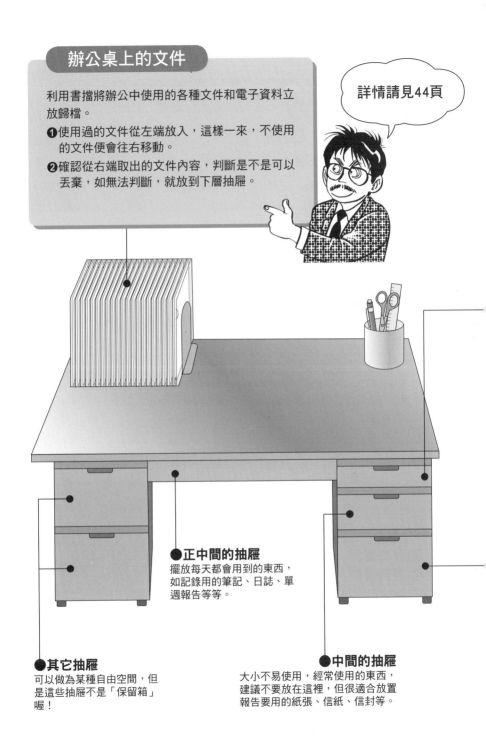

3 區域的徹底劃分

「區域劃分」是依據物件的狀態（新舊）和內容等，區分放置的場所。為了有效的整理，如此徹底進行是必要的。

◆辦公桌的周圍區域區分（例）

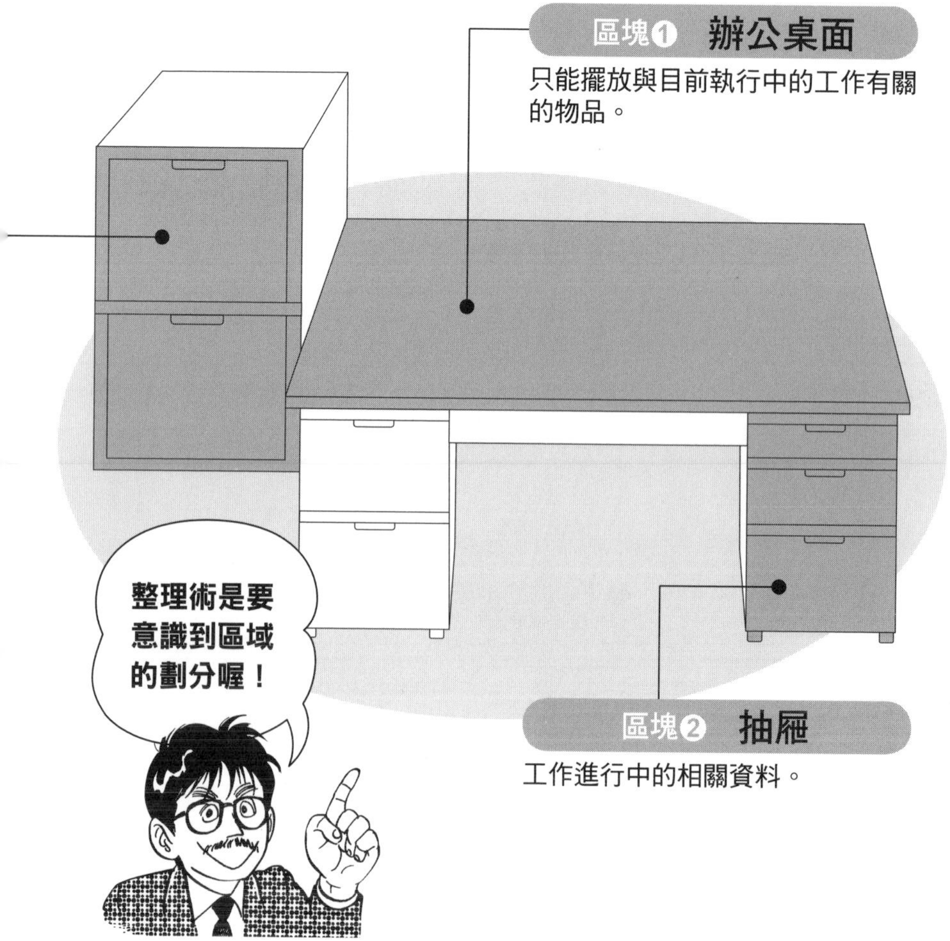

區塊❶ 辦公桌面
只能擺放與目前執行中的工作有關的物品。
區塊❷ 抽屜
工作進行中的相關資料。
整理術是要意識到區域的劃分喔！

區塊❸ 檔案櫃

放置已經完成的案子、必須保留一段時間的資料；因為檔案櫃比較大型，所以大多擺放在與同事共用的區域；保留期基本上是兩年，但仍需依工作內容而異。

●檔案櫃內的區分

例 1

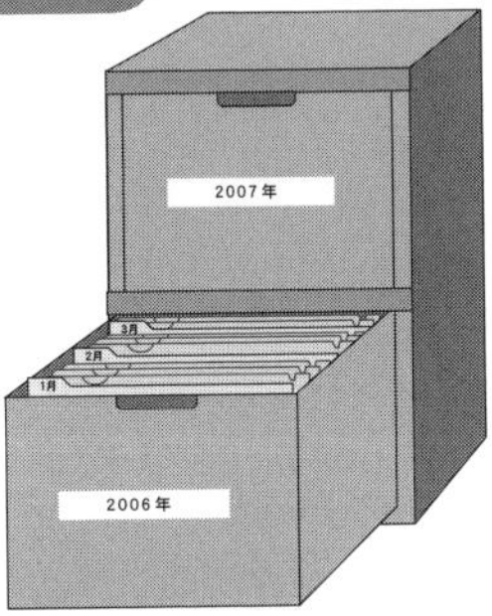

檔案櫃的抽屜。以「年分」分類為例，前年的資料放在下面的抽屜，抽屜內部以「月分」作分類為佳。

例 2

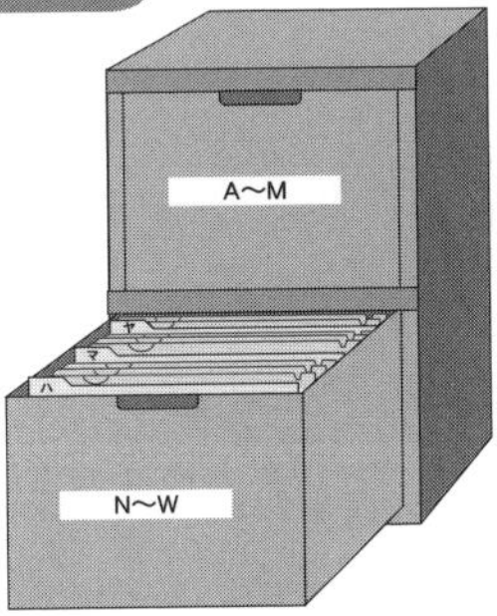

抽屜中以「字母」區分類，A～M放抽屜上層，N～W放抽屜下層，這個分類法便於資料的搜索。

4 善用收納商品

「整理」之際，哪些是不可欠缺的商品呢？當然，使用其他東西也是可以，但擁有此處介紹的收納商品，能更加順利的整理。

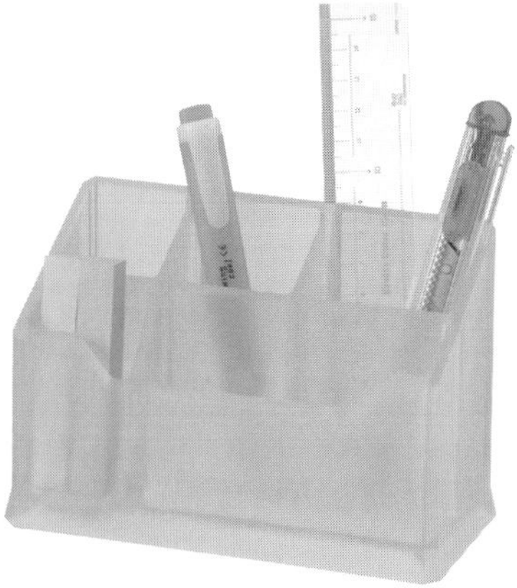

●透明筆筒

這種筆筒的收納量很大，可依照長短分門別類放入，很方便，非常適合桌面的整理。

●文具收納格

上層抽屜若沒有分類，將使小物件不易擺放，有這個就非常便利，可以善用抽屜空間。

●A4 檔案盒

放在桌面或是架子上，輕鬆收納檔案夾或資料夾；也可以橫放。

●桌上型雙層收納書架

除了書本以外，也可以將歸檔的資料，整齊的並列。下面或許也可以收納筆記型電腦。

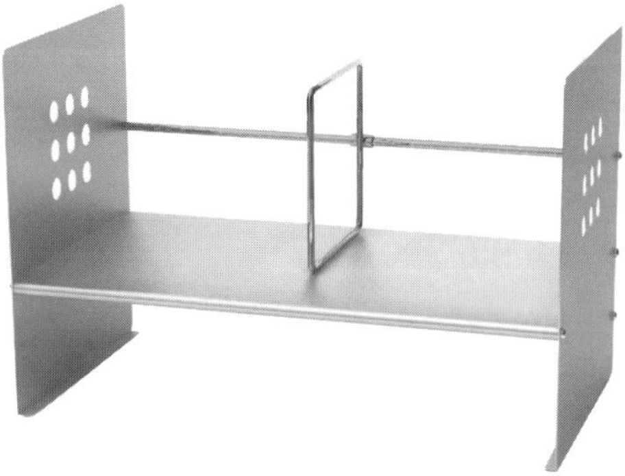

●可延長置物架

可根據收納的書本或資料夾的數量調整大小。

●打洞機NO.420（兩孔）

一般資料放入兩孔資料夾，此時使用這種打洞機就很適合，最多可以打到三十四孔

●活頁型六孔打洞機

一般六孔的活頁型記事本，有了這個，就可以按照自己的想法製作內頁。

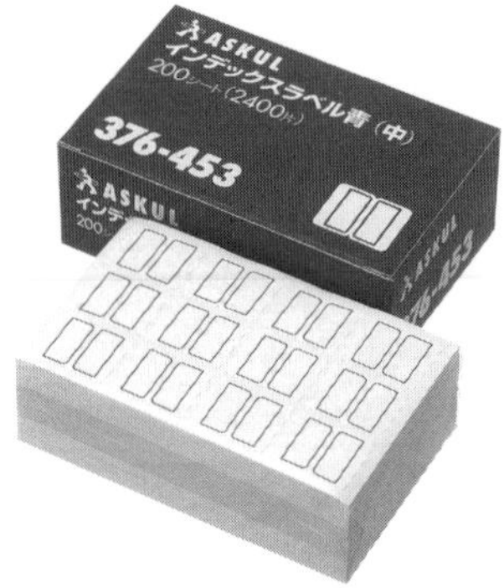

●索引標籤

利用於資料夾內或筆記本內，進行資料分類，用途很廣。至於分類標籤所貼的位置，需要自己下點工夫。

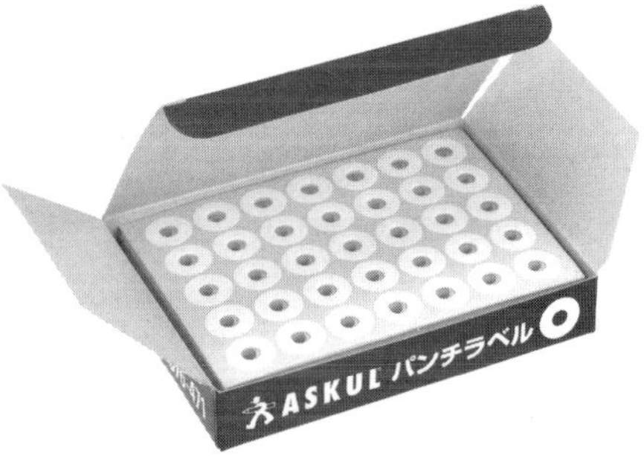

●打洞保護貼

資料打洞後，放入資料夾內，無論如何洞孔都會損壞，可以利用這個好好補強。

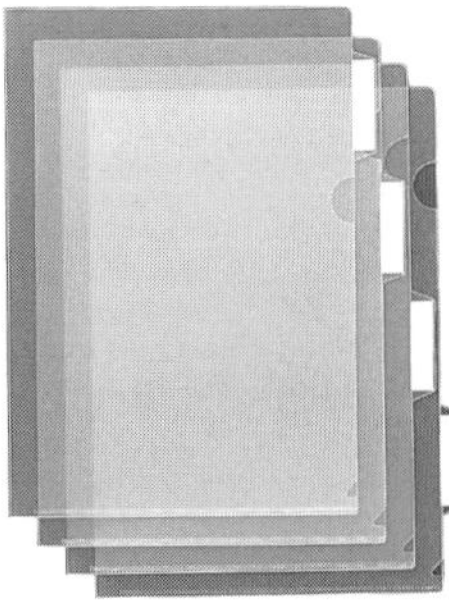

●多層式分類透明夾附上索引標籤

基本上要做少量文件的保管等，有照片的部分付上索引標籤（分層排列下來），這樣就很方便。

●表面附有名片袋的A4透明夾

表面有可以插入名片大小的袋子，裡面放入任何資料都可一目了然。

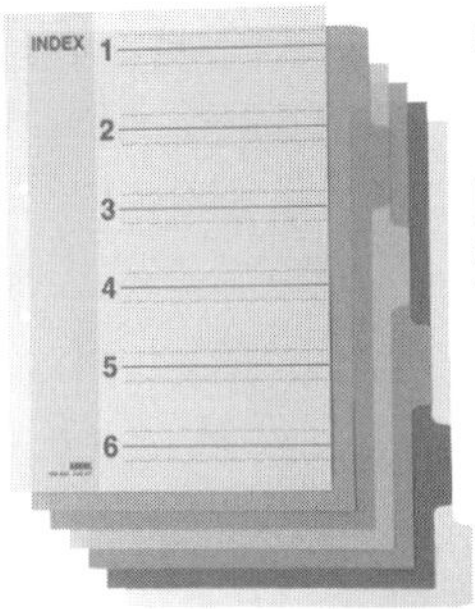

●彩色分類附上索引標籤
兩孔A4大小、六個索引

因為附有六個索引，夾入雙孔檔案夾的資料需要靠這個來分類。

●依彩色索引位置簡單分類

依照色彩別，附上分類索引標籤，便於資料的分類。

「立刻處理」該丟棄的文件

辦公桌上累積的資料先進行「粗略分類」；這是艾森豪所想出來的方法，但是這個「分類」只是開始，是資料整理的「預備動作」。

眼前的資料若立刻處理，往後當然就不用太費心再想怎麼整理了。

1 資料分類

◆「艾森豪的四種分類」

「艾森豪方式」整理法是美國第34屆總統艾森豪（Dwight David Eisenhower）想出來的方式。利用桌面和地面，如左圖將堆疊的資料分為四類，不要思考太多，儘管動手。

分類完成後

- 分類1 的資料→丟掉
- 分類2 的資料→應該轉給其他人
- 分類3 的資料→歸檔，並整理
- 分類4 的資料→全部大略瀏覽過，判斷是否可以丟棄

↓

這樣「利用性低」的資料就整理出來了

分類4

特別的狀況

需要回覆的資料，及未讀取的資料。

分類1
丟棄的資料
要丟棄的資料全放
進廢紙回收箱。
分類2
託付他人
所有要轉給其他
同事的資料。
分類3
重要緊急的資料
需要保留的資料或應
該立刻處理的資料。

2 如何選擇可以丟掉的資料

在前項介紹過的資料分類方式，本節將更加積極，如果不丟棄資料將無法好好進行整理。

◆可以丟掉資料的例子

●使用完的資料

- 回顧、聯絡等，報告過的資料
- 拷貝或從網路上列印的資料
- 草稿或筆記等
- 完全超過保存期限
- 各種散亂的DM和傳真等

●重複的資料

- 手邊有兩份以上的資料
- 正本在其他地方，手邊不需常備的資料
- 電腦裡存有檔案的資料

●太舊的資料

- 已經更新的舊資料
  （記錄、統計、報導等）

☞但不要一味地認為舊紀錄跟報導就要通通丟掉。如果無法判斷是否要丟掉，就先保留起來。

這些資料丟掉吧！

謹守文件「丟棄」的原則，就可以管理好文件了。

3 徹底的「當場處理」

不要把文件的處理想得太複雜，其實跟口頭交辦的事項一樣，當場決定該如何處理。

一旦收到文件，就「當場處理」，此行動日後變成觀念跟習慣，往後的「整理」就會變得很容易決定了。

當場確認的五個重點

❶ 這是應該歸檔整理的資料嗎？

❷ 這是丟掉也沒關係的資料嗎？

❸ 確認過內容後再丟比較好嗎？

❹ 只要把重點記下來，丟掉也沒關係嗎？

❺ 把資料轉送給他人比較好嗎？

為什麼會堆積這麼多的資料呢？

辦公桌上總是堆滿公文的人，把不同案子的資料放在一起應該很混亂吧！

當然，對於上班族而言，同時進行數個案子不足為奇，但是要先記住「只能擺放與目前正在執行的工作有關的物品，其餘先整理起來吧！」這樣的話便可確保可利用的空間。

如果不知道要整理到哪裡，利用文件架使辦公桌面立體化，把資料分類為「新到資料」、「留存資料」。

然後，一旦收到文件就立刻看過一遍，不需要的文件就當場丟掉。

另外，有一個祕訣就是相關資料掃描至電腦存檔。

1 善用文件架

「當場處理」收到的文件時，如果擁有左圖的文件架，便可更順暢、有效的整理資料。

一旦到手的文件

各種文件、信件、傳真、memo、傳票等

↓

- **當場立刻處理**
- **進行到一半的作業，告一段落**

↓

「文件架」帶來的便利

最適合放入A4大小的信封；塑膠製，可繼續加高到三層、四層等的類型。

上層　新文件

一旦收到文件就先放到這邊，這樣就可以一目了然的分辨，還有未處理完畢的事情。不過，一旦取出就不可再放回去了。

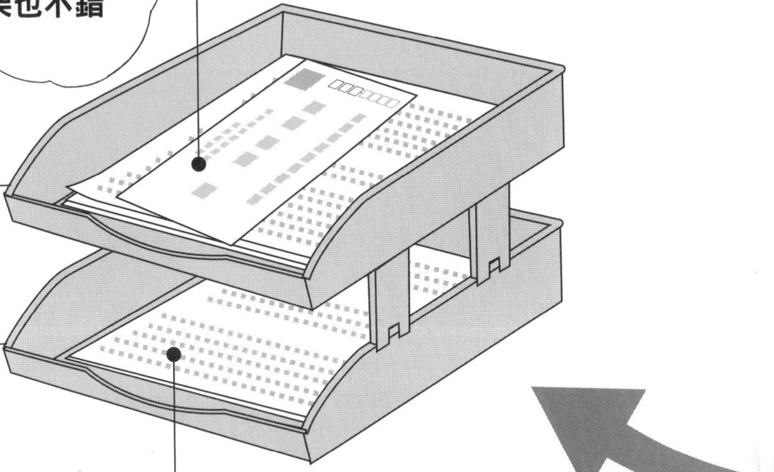

下層　文件保留

大略看過一遍的文件和需保存一陣子的文件，都先歸放於此；請注意，如果抱著「等一下再回來處理」的想法，很快就爆滿囉！

上下層文件都處理完畢後，接下來將需要歸檔的文件擺放到辦公桌面的檔案裡，不需要的文件就當場丟掉。

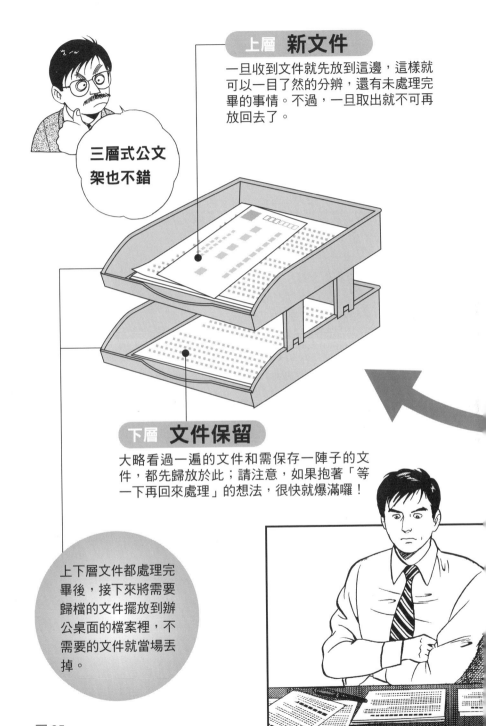

2 各種郵件的整理

客戶寄來的各種郵件，總是比普通的資料累積得快。

◆分類累積的信件

依郵件的年分，放到桌上分類，暫時攤在桌面上的空位，一封封的分類。即使這樣，也要不斷意識到「丟」的動作。

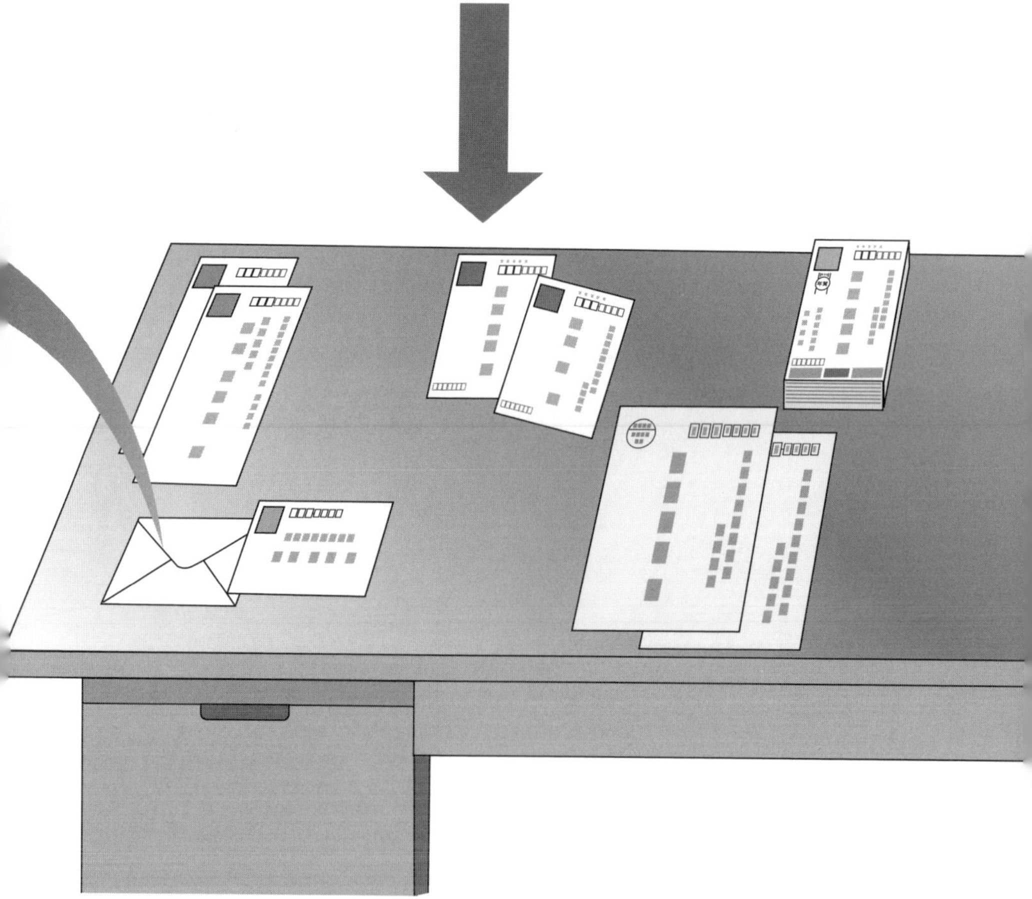

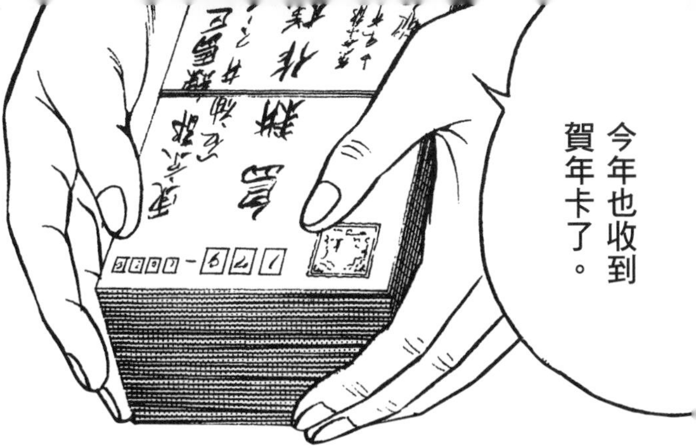
今年也收到賀年卡了。

賀年卡	用橡皮圈圈住，保管期間「限定一年」
各種說明手冊	必要的就歸檔，不要便丟棄
轉調、異動通知	剪下標示新住址、部門等資料的部分，貼在名片上
各種賀卡	大略看過就可以丟掉

量還不少
將摺疊的信件攤開歸檔！

3 資料數位化

整理積存的資料，將其轉換為數位資料存入電腦中。

將這份資料掃描到電腦裡吧！

數位化資料需要嚴選

◆資料數位化

電腦是現今工作上不可缺乏的必需品，使用它來將紙本資料數位化也是可行的，但實際上掃描要花費不少時間，這樣做反倒使工作效率惡化。此外，資料保存跟選擇也是很重要的。

紙本資料數位化的整理

●各種資料

將必要的資料數位化，也可以附上照片、插畫、圖片……。

下一頁要介紹如何使用多功能事務機處理資料

掃描

利用附有掃描機能的多功能事務機（影印、傳真……）掃描文件。將紙本資料轉換成數位資料（PDF檔等）。

●電腦

掃描紙本資料，存放在電腦桌面、資料夾裡。

也可以存在光碟片等，俐落的整理，放在辦公桌周圍。

可以透過職場內的網路共用資料夾交換資料。

更便於資料檢索、分類。

使用多功能事務機處理資料的例子

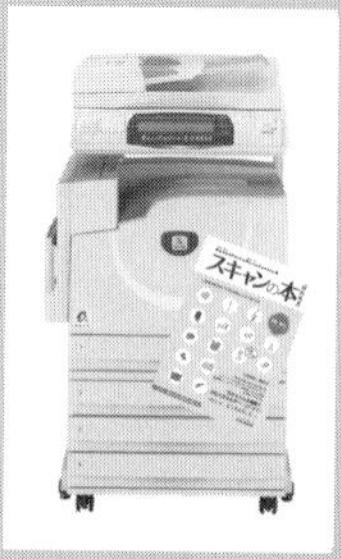

最近已經不太使用單一功能的影印機了，大部分的辦公室使用的都是附有掃描、列印、傳真等功能的「事務機」。這邊透過日本富士全錄股份有限公司（Fuji Xerox Co., Ltd.）的協助，簡單介紹使用事務機「將紙本資料數位化」的例子。

參考：《掃描之書》

⬆ DocuCentre-Ⅱ C4300《掃描之書》

❶先指定保存

選擇操作面板的「掃描（PC保存）」，收件者

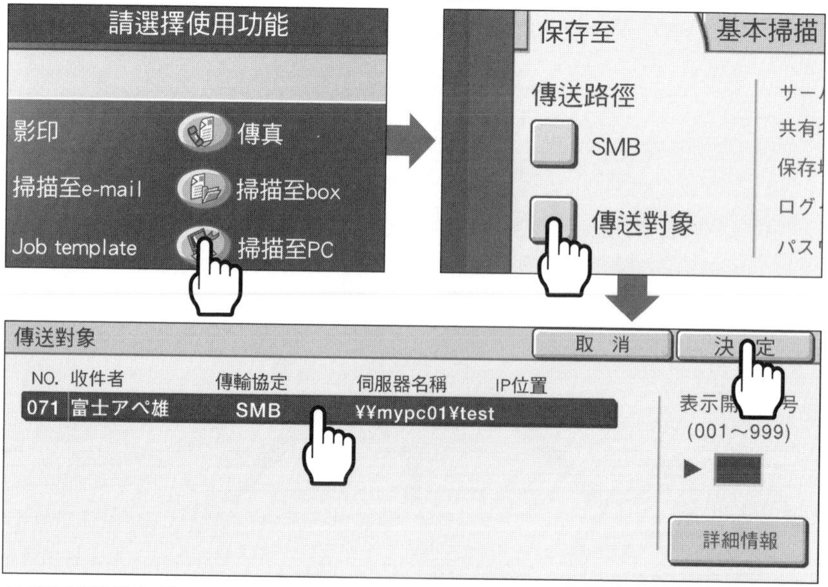
請選擇使用功能
影印
傳真
掃描至e-mail
掃描至box
Job template
掃描至PC
保存至
基本掃描
傳送路徑
SMB
傳送對象
サー
共有
保存
ログ
パス
傳送對象
取 消
決定
NO. 收件者
傳輸協定
伺服器名稱
IP位置
071 富士アペ雄
SMB
¥¥mypc01¥test
表示開 号
(001～999)
詳細情報

於事務機登入後，選擇收件者，並按下確定鍵

首先，要先在自己的電腦內建立保存資料的資料夾

❷指定資料格式

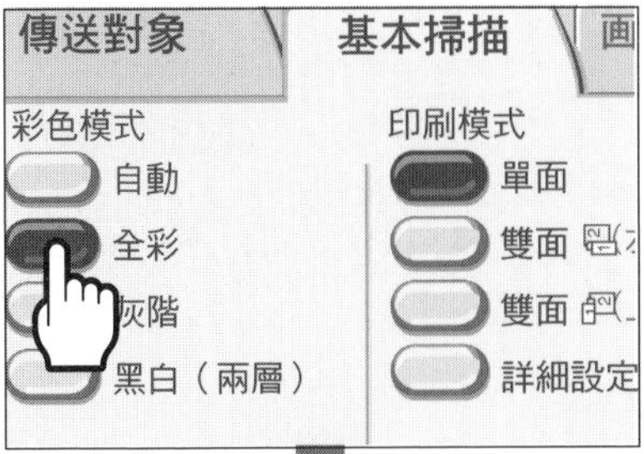

彩色模式，請先選擇「全彩」，
檔案類型「PDF」

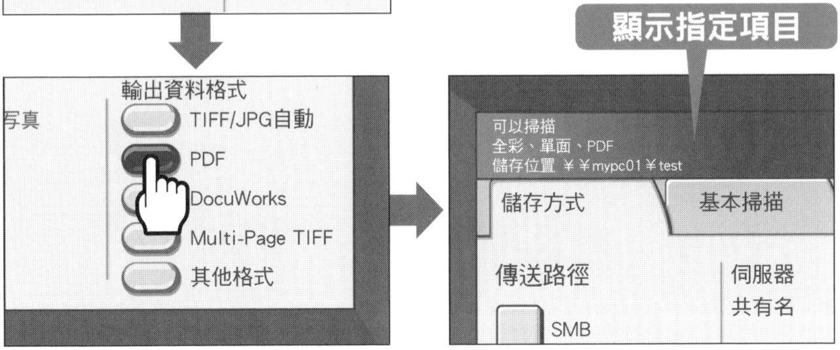

❸擺放資料（自動送稿裝置無法使用的狀況）

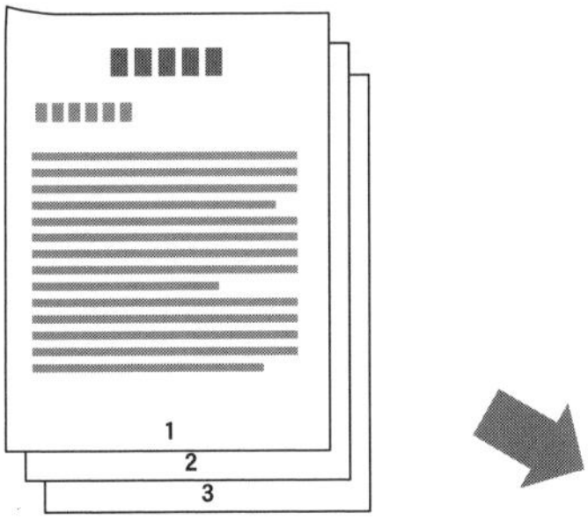

開啟電腦資料時，如果剛好是正向，原稿擺放位置為正面向下，內文上方靠左邊對齊。

❹開始讀取（資料數位化）

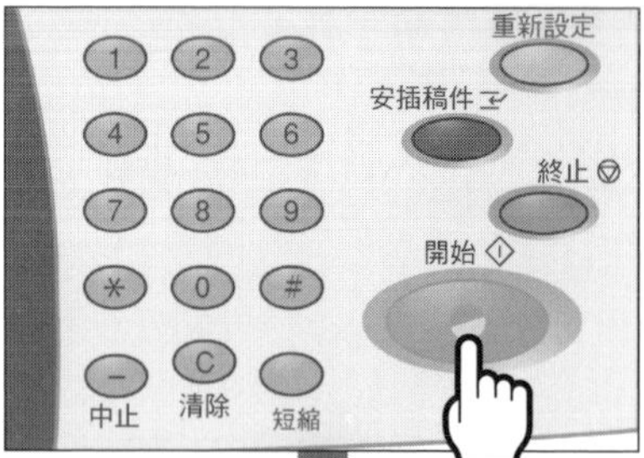
重新設定
安插稿件
終止
開始
中止
清除
短縮

一次處理數張稿件時，選擇開始鍵後，請注意緊接著選取面板上「有下一張原稿」，這樣才能全部存進一個PDF裡。

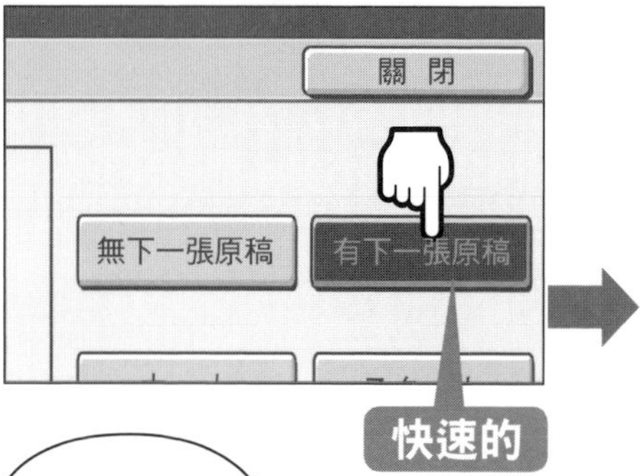
關閉
無下一張原稿
有下一張原稿
快速的

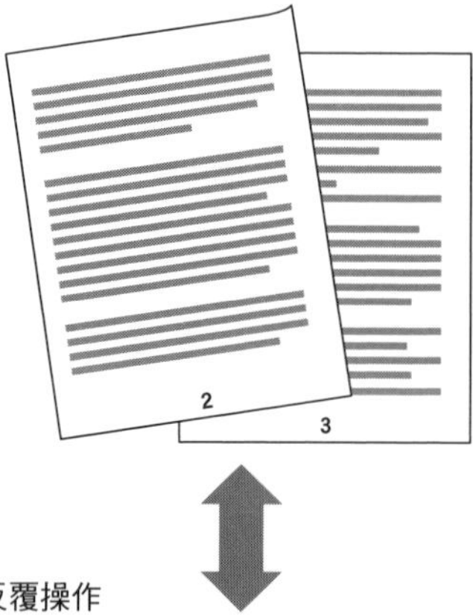
2
3

書本的話就要一頁一頁反覆操作！

每頁反覆操作

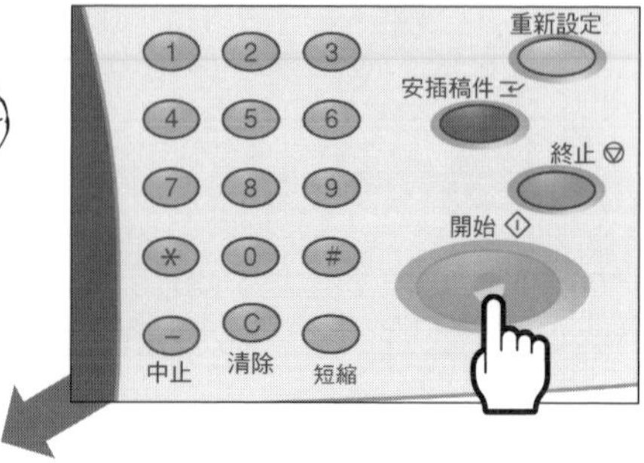
重新設定
安插稿件
終止
開始
中止
清除
短縮

全部讀取完畢，請選取
關閉
無下一張原稿
有下一張原稿

資料讀取結束，請選擇「無下一張原稿」

❺確認是否已經傳送至電腦

讀取結束，請按「工作確認（通信中止）」鍵，接著操作面板上的「完成」，如果出現「正常完成」的狀態，事務機的操作便算是大功告成了。

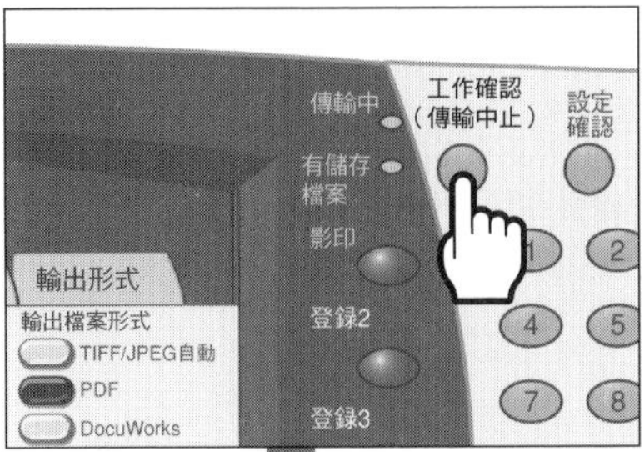

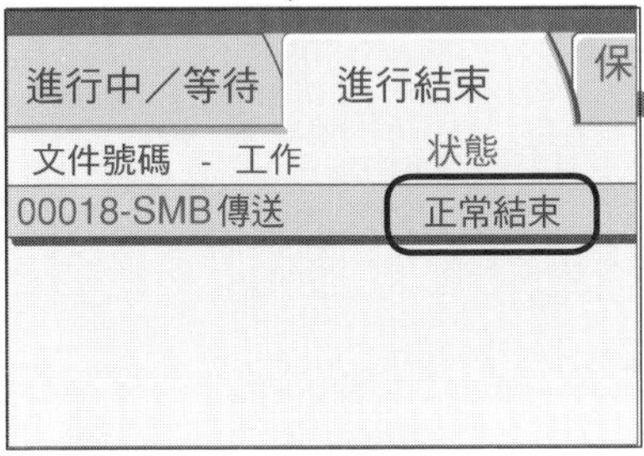

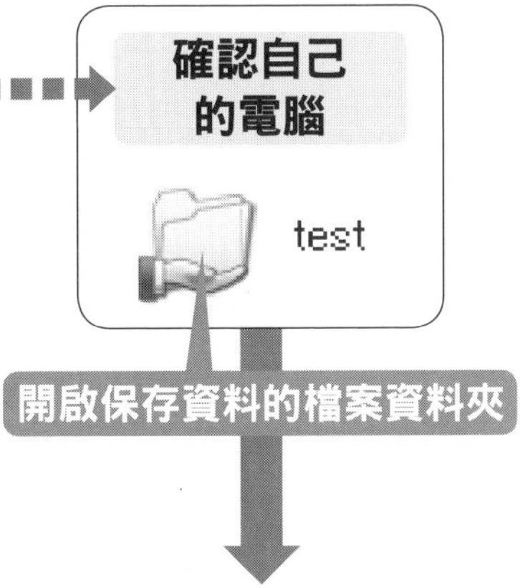

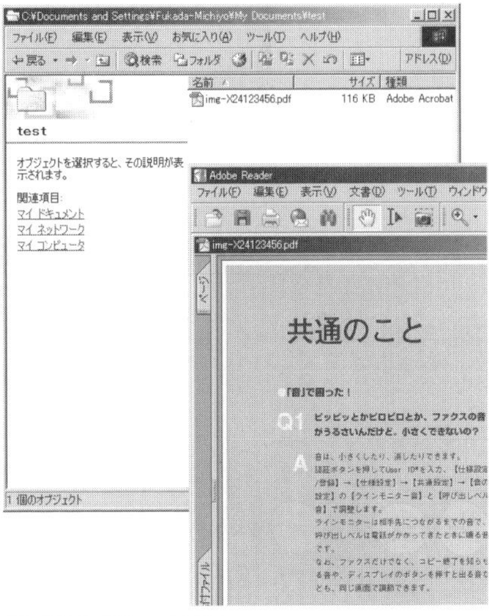

確認完畢，結束

第 1 章

本節重點 ❶

1 桌面周圍的整理，是「最重要的課題」。明白辦公桌就是工作的基地。
☞P10

2 桌面上只擺放當時作業中所需要使用的物件（資料）。
☞P11

3 下層抽屜為收納桌面上處理完成的資料（完成歸檔）。
☞P12

4 資料的分類，請參考「艾森豪方式」的粗略分類。
☞P20

5 可「丟棄」資料的項目：「使用完的資料」、「重複的資料」、「舊資料」。
☞P22

6 最理想的狀態是拿到資料盡可能「當場處理」。
☞P23

7 裁切信件上「轉調、異動通知」的新地址、部門等處，並貼在名片上。
☞P27

8 紙本資料數位化的方法是，掃描成檔案並存進電腦。
☞P28

以辦公桌為中心，規劃資料夾的整理動向

1 認識價值

認識資料歸檔所改善的價值，自然而然提高歸檔的意識。

再次確定歸檔所帶來的好處吧！

如果要讓工作有效率的進行、使職場變得清爽、減少紙量的消耗、合理的使用空間等，當然要提升辦公室的環境。「歸檔」的整理系統可以實現這些事。

重點是歸檔之際，所有的資料大小都要一致，附上標籤貼紙，也要寫上易懂的標題，然後，訂立收納資料夾的方式。此外，資料夾的分類要按照案件別、往來客戶別分類，這也相當重要。

記得，存入資料的光碟片等，可以跟紙本資料一樣歸檔。

業務效率化

作業中，節省多餘的行動和動作以提升工作效率和速度，也減少疏失。

有效活用空間

由於歸檔後減少多餘的資料，桌面可使用的空間也變寬廣了。

歸檔的
四大價值
歸檔是讓工作順暢的必備條件！
外堀開発事業
2007.4

減少成本

因為用紙減少了，當然減少紙張的費用，而且用在紙張上的迴紋針跟釘書針等消耗品的成本也減少了。

舒適的職場

因為確實歸檔能夠整理職場環境，更加提升個人工作的欲望。

2 介紹幾種「常用」的收納商品

首先掌握幾種主要運用於歸檔的收納商品。

透明資料夾

材質輕透，透明或是半透明（聚丙烯），很容易取得；而且可以放入包包，方便攜帶；有彩色的，有的則附有索引標籤等，種類多樣。

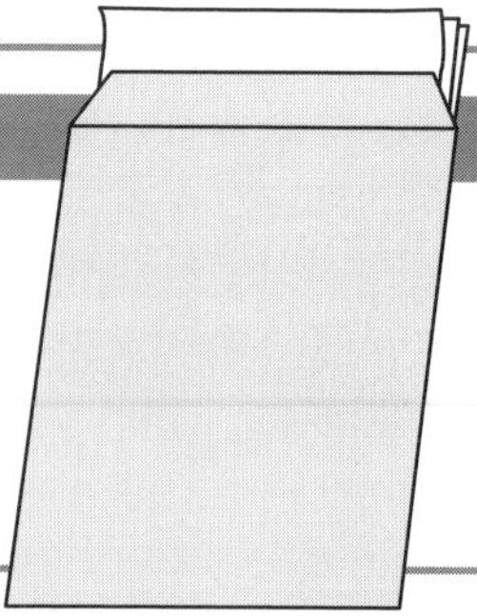

信封袋（2號）

A4大小的信封袋也可以用來歸檔，但是，紙製的信封袋通常看不見內容物，為了簡易分辨，一定要貼上標籤貼紙。

資料夾（binder）

將文件存放入檔案夾內，存放方式有「活頁檔案夾」、「彈性夾」、「強力夾」等各種樣式。遇到資料較多的狀況時，建議使用分類索引。

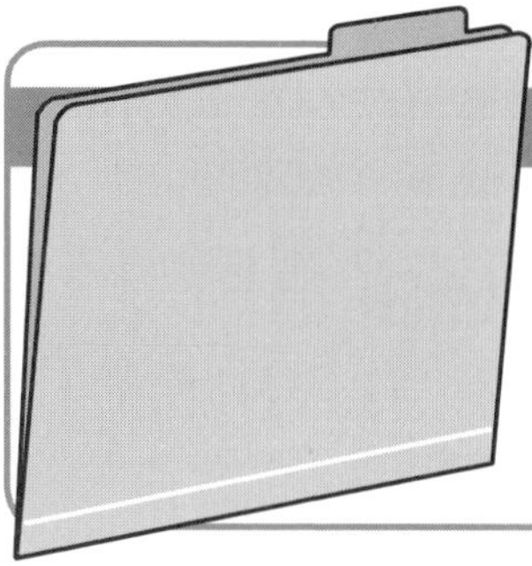

紙夾

夾集資料所使用的「資料夾」。兩折的厚紙板大多附有凸出的索引標籤，雖然能收納的量有限，但很方便分類。

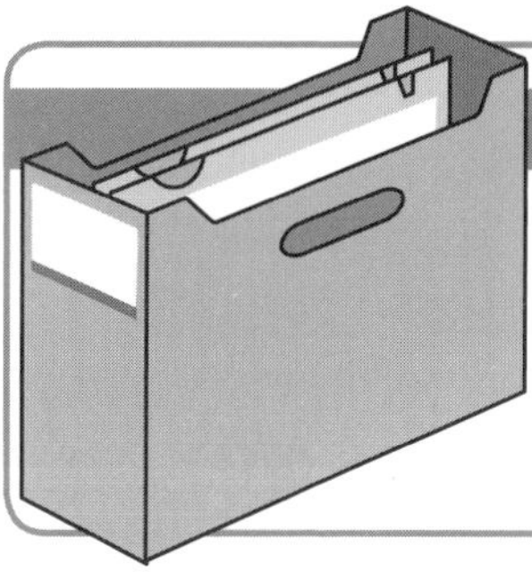

資料盒

放入資料的透明資料夾、紙夾等，可以立著收納，拉取或是放進櫃子中都非常俐落。另外也有立式的。

資料夾的大小
最好也統一。

3 附上標籤的方法

文件夾上附上標籤時，無論文字多麼醒目，對於貼附位置還是要下一番工夫。

◆標識例子

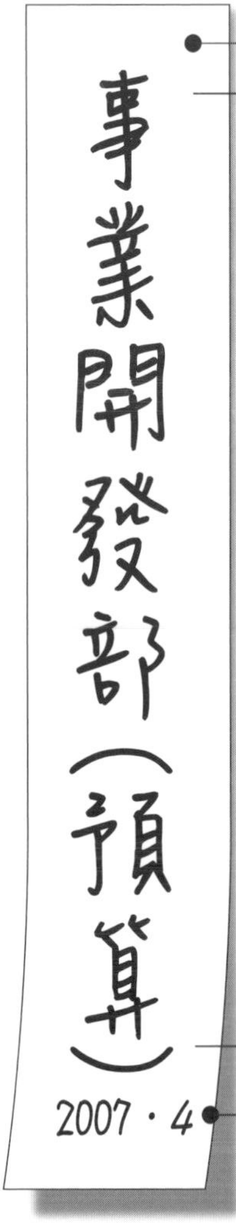
事業開發部（預算）
2007・4

寫上較大的字體，以膠帶貼附或是用標籤貼紙。

用粗體寫上（醒目的文字便於搜尋文件）；
標題盡可能具體化（這邊以「事業開發部」的「預算」為例）

附上日期（年、月），便於文件的檢索。

附上「易於了解」的標題……

◆貼附標籤的位置

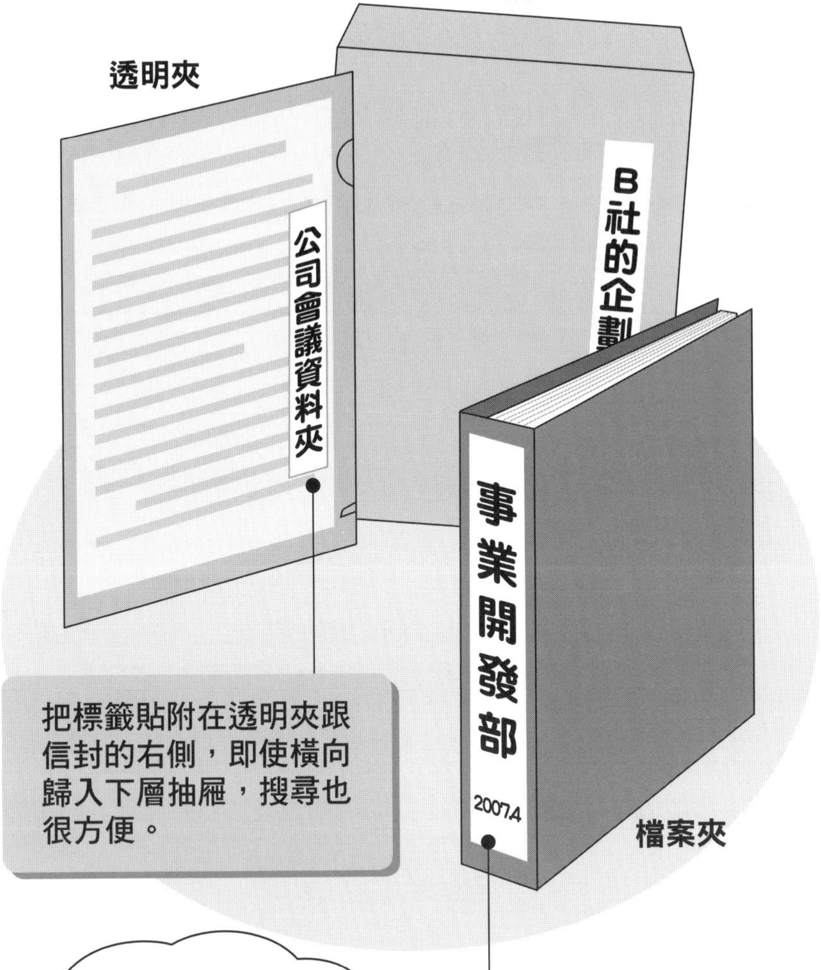

信封
透明夾
公司會議資料夾
B社的企劃
事業開發部
2007.4
檔案夾

把標籤貼附在透明夾跟信封的右側，即使橫向歸入下層抽屜，搜尋也很方便。

檔案夾的背部多是可直接記入的類型，像這樣以粗體字清楚標示。

用電腦製作標籤
也OK喔！

4 分類步驟

文件分類有幾個步驟，按照自己的工作需求，選擇便於利用的方法。

❶ 依案件別

依照「企劃」、「事業計畫」等單一案件收集相關資料並歸檔。

❷ 依往來客戶別

依據合作客戶分別歸類。這可說是掌握合作客戶動向的分類方法。

❸ 依主題別

例如前面解說過的，以「事業開發部」的「預算」、「行程」等項目分類。

文件的分類大大影響檢索的速度。

❹ 依日期別

依照文件發生的日期和完成的日期分類，一般以「年」、「月」為基準。

❺ 依形式別

像是報價單、決算書、會議記錄等形式來分類。

5 電子文件的歸檔

由於電腦的普及，現在的辦公室也以「文件電子化」為方針，不過這和紙本文件一樣需要進行歸檔。

●電子文件的產生

放入存檔後的光碟片等電子文件的檔案盒（夾），也需要擺放的場所。

製作目錄，並標示於電子文件的表面，便於一目了然。

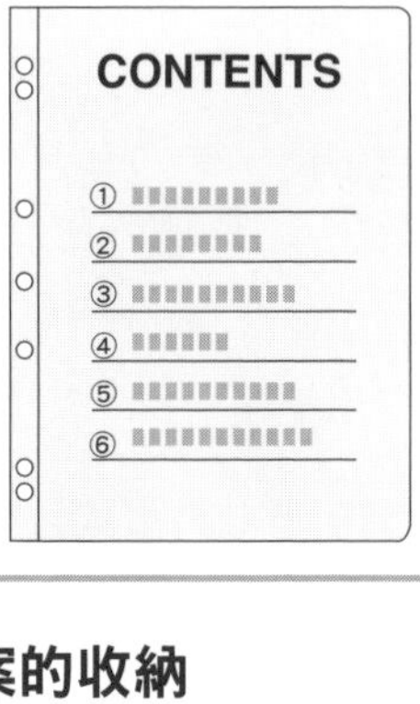

●檔案的收納

將檔案收入市售附有光碟收納袋的內頁，同紙本文件，歸入活頁夾內。

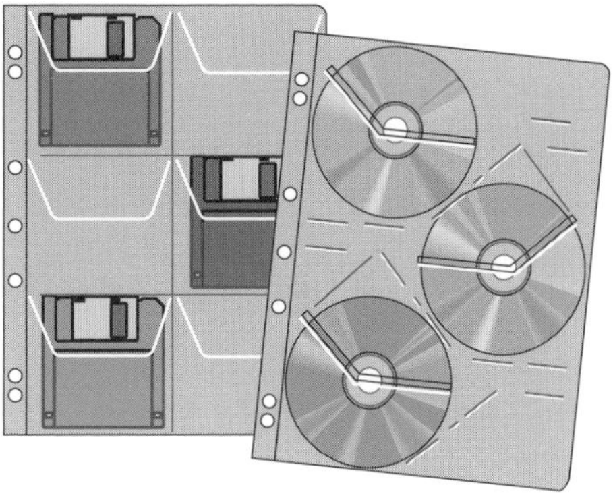

6 歸檔的系統

◆歸檔的流向

❶將入手的文件放到文件架內。

❷判斷第❶項的文件是否必要，並直立於辦公桌上。新的資料由左邊放入，再次使用的資料放回最左邊，用不到的文件將向右移動。

❸因為文件會向右端移動，確認最右邊放不下的文件內容，若確定不要的文件就丟掉，無法確定就放進❹。

❹文件橫向直立於下層抽屜中，依資料新舊放入，用得到的資料就會再次回到前方（用不到的資料便會向內側移動）。抽屜滿了，就從最內層的資料開始判斷要不要丟棄，無法丟棄的文件就放到保留箱內。

❺檔案櫃等的保管空間若還有剩餘也可以利用。檔案櫃等的保管空間，依照檔案的分類基礎來區分。

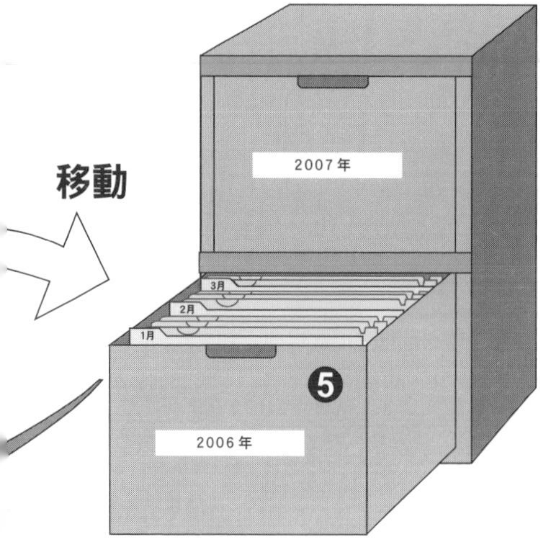

移動
2007年
3月
2月
1月
❺
2006年

那時候的文件應該在這裡。

啊！例子裡的歸檔系統耶！

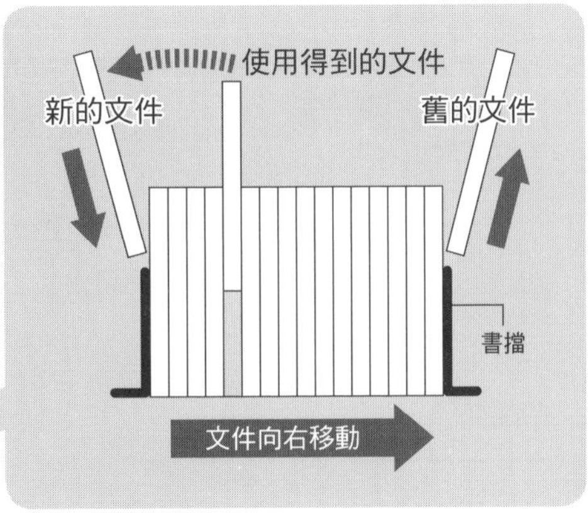
使用得到的文件
新的文件
舊的文件
書擋
文件向右移動

❷
文件的流向
❶
註：為了便於辨識，這邊的文件以透明夾收納
❸
移動
丟棄
也可以用這個抽屜做為保管箱喔！
垃圾桶
❹
丟棄

「圖書館式」書架整理法

詢問圖書館管理人員書架的整理技巧，答案就是「將書放回原位」，因此，辦公室的書架也一樣，不要依照大小，而是按照類型分類，就可以快速找到需要的書。

為了確保新書的收納空間，原則就是處理一年以上未使用過的書。

類別區分

私人的書籍和雜誌也可以放在手邊，但辦公室內如有共用的書架，就放到那邊去，只是這情況有幾個「整理鐵則」。

書架的整理鐵則

❶不依書的大小及形狀，按方便工作使用的「類別」整理，並於書架上貼上標籤。

❷每年檢視書架內的書，處理一年內未使用過的書籍和雜誌。

❸預留新書增加的可能，需經常確認書架上的類別及收納空間。

❹從書架上取出後，不要忘記擺回「原處」。

空間的確認

每個類別都要確認具有某種程度的收納空間，因此，新增加的書籍和雜誌才可以順利擺放。

同類型放在一起

設置工作上常使用到的類型書區域，如商業書、法律書、字典等，並於書架上貼上易於辨識類別的標籤。

符合商業用公事包的擺設新常識

上班族的必需品－公事包，一定要整理包包裡面的空間。

首先，包括了「名片」、「筆記用具」等七樣道具，以及目前成為文件的主流A4尺寸都是必要條件。

與客戶開會的時候，千萬不要上演手忙腳亂翻找文件的失態戲碼，可以善用收納文具的內袋，宛如「公事包內的包包」將物品整理好。

直擊公事包的內容

公事包中的常備商品，雖然每年都越來越多樣化，但重點在於方便收納。

◆公事包內的必備商品

- ●筆記用具
- ●錢包、車票夾
- ●手機
- ●記事本、筆記本
- ●手帕、面紙
- ●名片盒
- ●各種資料
- ●印鑑
- ●鑰匙　等

其他

- ・書
- ・隨身聽
- ・鏡子
- ・梳子、牙刷
- ・常備藥
- ・摺傘
- ・地圖（路線圖）
- ・購物袋
- ・褲襪
- ・護身符　等

●收納文具的內袋

使用這個東西，可以俐落的將公事包內的東西整理進圖示的商品中，雖然設計型包款的收納功能也不少，但利用這個很便利。

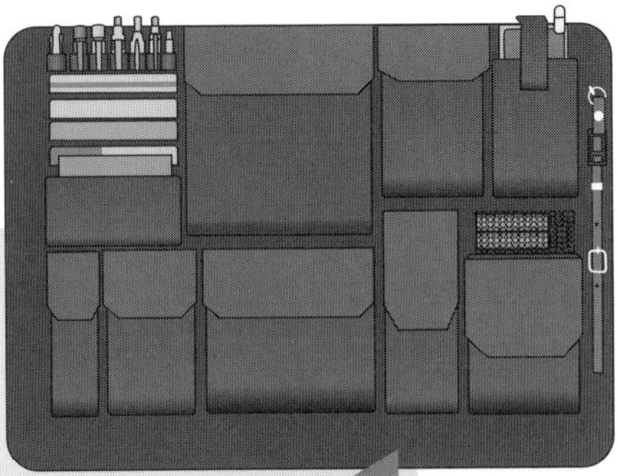

如果有這個就很方便！

●透明夾

便於迅速取出及放入資料，如各種傳票類的文件也不會被折到；而且可以放入兩、三個不同顏色的透明夾來分類，一個收放工作相關的文件，一個放私人相關的文件等。

總之，便利的事情一定要實踐。

全社会議資料
專案
外堀開発事業

本節重點❷

9 為了使工作有效率，文件的「歸檔」是不可欠缺的。 ☞P36

10 文件上貼附的標籤，清楚標記容易辨識的標題。 ☞P40

11 文件按照自己工作上的便利性分類。 ☞P42

12 光碟片等電子文件，可以收納到專用的檔案夾內。 ☞P43

13 製造辦公桌周圍文件的整理流程，「辦公桌上～抽屜」的整理系統。 ☞P44

14 以圖書館的「類別」方式分類整理書櫃。 ☞P46

15 公事包中放入「文具收納內袋」等商品，以「公事包中的包包」的感覺來整理。 ☞P48

第二章

「資訊」整理術

若說現在的商業涵括了所有的資訊，應該也不為過；如何利用電腦整理資訊，才是決定工作品質的重點。

12月
1 (月)
2 (火)
3 (水)
4 (木)
5 (金)
6 (土)
7 (日)
NATIONAL STOCK

1 整理電腦桌面

數位資訊的整理，首先，從自己的電腦桌面開始，事實上這是非常重要的。

首先從電腦桌面開始整理。

以電腦保存資料可以節省公司的影印費用跟紙張費用。但是，如果在沒有整理的電腦桌面上執行，電腦桌面將會佈滿檔案。

這邊將相關的資料放在同一個資料夾，然後，再將這些資料夾放進更大的資料夾，如書籍和報紙的標題，有「大標」、「副標」、「小標」，如此一來保管資料的搜尋，也變得很容易，可是並非所有的電腦都是萬能的，為了以防萬一，一定要記得儲存備份。

資源回收筒擺在左上角

資源回收筒的位置要遠離電腦桌面左下方的「開始」鍵，以免誤刪檔案。

拖曳圖像之前，點選右鍵並解除「檢視」內的「自動排列」！
開始

註：使用Windows XP的例子

應用程式擺放在左列

各種應用程式（包含資源回收筒等），集中於電腦左側，不管畫面和解析度的大小，應用程式的數量不要超過兩行；若是超過，外觀跟電腦桌面的便利性都會變差，也就跟工作中使用辦公桌面一樣，會使作業空間會變小。

檔案擺放於右側

工作中所使用的各種檔案，集中於電腦桌面的右側。以此將電腦桌面的區域分隔為「右側：檔案／左側：應用程式」；關於這些資料夾，於下一頁詳細介紹。

2 資料夾的整理系統

第一章的歸檔系統中介紹過，但是實際上也可以依此構築電腦的歸檔系統。

◆電腦桌面的資料夾處理動線

製作以下三個資料夾 ❶未處理　❷處理中　❸保管中

↓

一旦收到資料先放入❶，處理過的資料移到❷

↓

❷為「應該處理」的資料，處理完移到❸

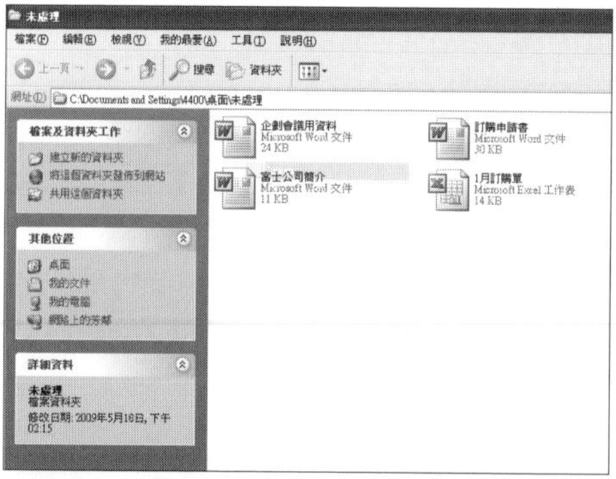

❶「未處理」的檔案夾

從電子文件（光碟片等）、電子郵件、內部網路等取得的新資料，全部放進這個當案夾內，明確的消除不要的資料；必須立刻處理的文件，移到❷的資料夾。

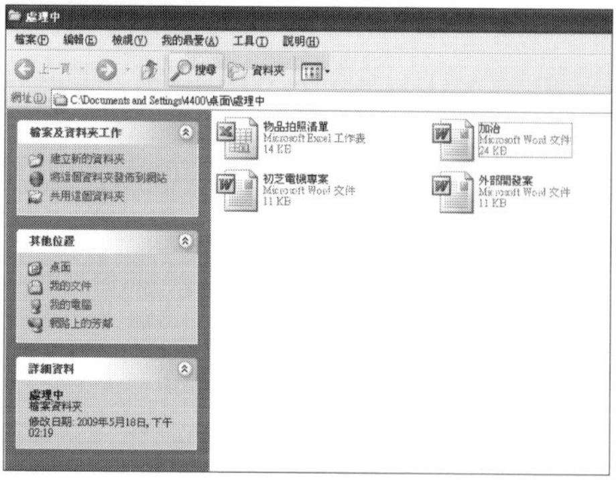

❷「處理中」的檔案夾

擺放在這個檔案夾的是「現在要處理」的文件，這邊的資料處理完，盡快將它轉出（e-mail、電子文件、內部網路等），應該保留於電腦的檔案移到❸，不要的檔案立刻刪除。

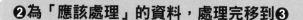

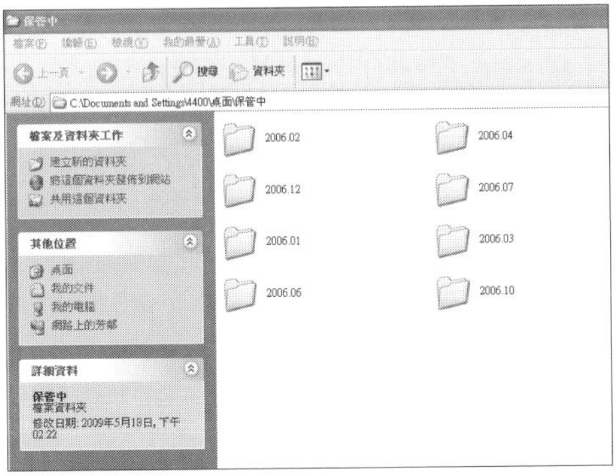

❸「保管中」的檔案夾

一定期間內（一年左右）該保留的文件，存放於此，但是，此時要增加分類用的檔案夾，像紙本文件歸檔至檔案櫃一樣，以「年份」、「五十音」的簡單分類方式來保管。

3 養成資料備份的習慣

各種數位資料都有損壞的危險性，因此「養成資料備份的習慣」是不可欠缺的。

◆「壓縮」資料並保管

將前項解說過的「保管中」資料夾內的檔案、平常幾乎用不到的資料，進行「壓縮」，如此可以縮小各檔案的容量，也可以減輕硬碟的負擔（保管中的資料越多，硬碟的負擔就越大，也就會影響電腦的處理效能。）

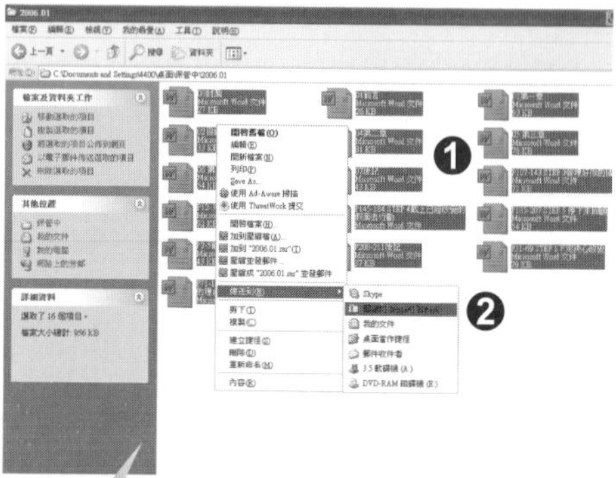

❶選擇應該壓縮的檔案
❷按右鍵選擇「傳送至壓縮檔（zip格式）」

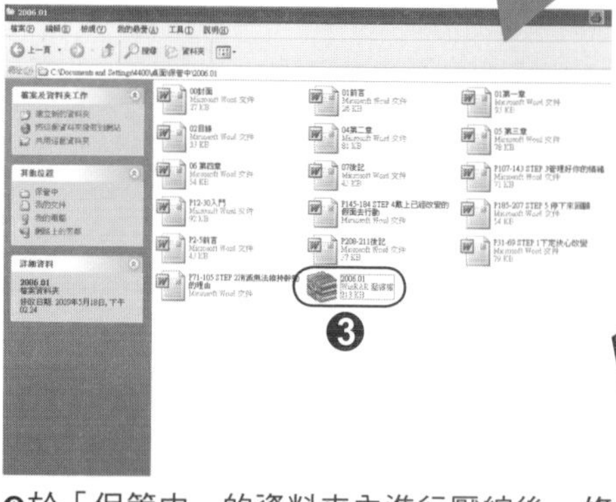

❸於「保管中」的資料夾內進行壓縮後，修改適當的檔名，並刪除原先的檔案。

◆檔案「備份」

因為電腦故障（當機），引起重要資料遺漏的案例也不少，所以一定要在日常養成備份的習慣，選擇外接式硬碟、光碟片等合適的載體保存記錄，「保管中」的資料夾，與56頁解說過的「未處理」、「處理中」的資料夾等，最好都仔細備份。

如果有備份，當問題發生時就可以立刻於別的電腦繼續進行作業。

4 活用搜尋工具

檔案數量越多，尋找資料的時間就越長，在這邊要介紹快速解決的方式。

◆利用Google的「電腦桌面檢索」

找尋電腦內保管的檔案資料時，雖然Windows附有檔案搜尋功能，但如果忘記檔案的名稱就很難查詢到，如果利用搜尋引擎Google免費提供的「電腦桌面檢索」，輸入關於檔案的任何關鍵字，就可以立刻找到。

沒使用便利搜尋工具的人竟然還滿多的！
咔噠
咔噠
咔噠
咔噠
檢索資料的時間僅需要數秒。

●設定的方法

開啟Google首頁下方的「Google完全手冊」，於開啟後的頁面點選左方的「Google桌面」，接著就會出現如右圖的畫面，然後依照上面的指示下載就可以了。

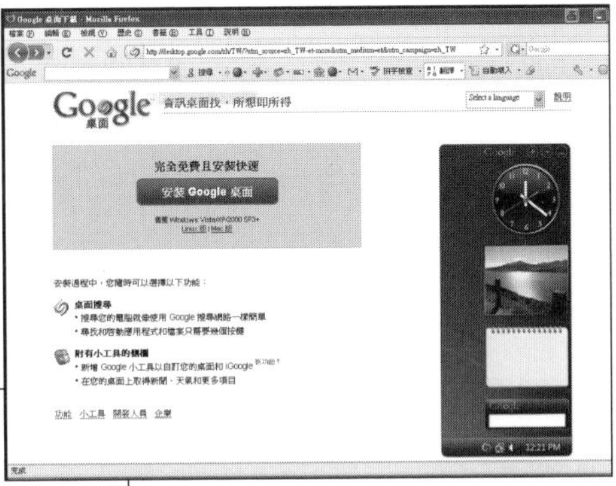

●檢索

例如，以「企劃」為關鍵字輸入，使用桌面搜尋試試看。

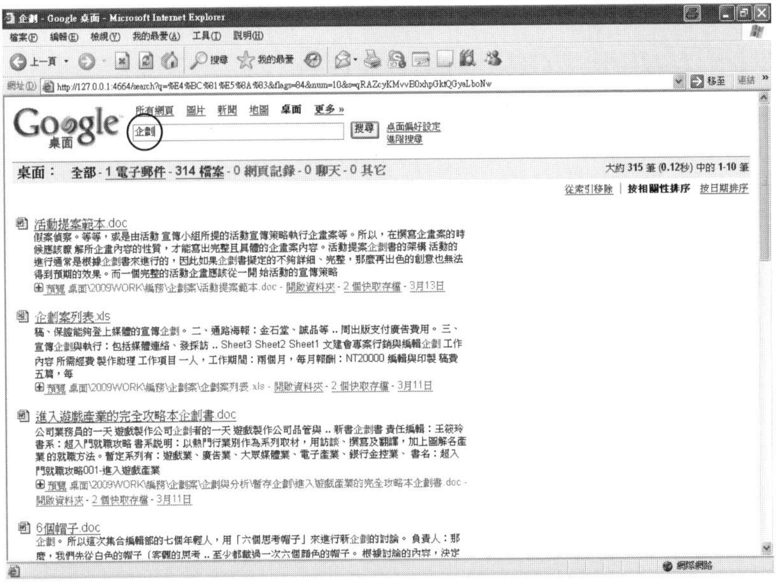

只要標題或內文含有關鍵字「企劃」的資料，都能順暢地檢索（e-mail和PDF檔也沒問題）

5 電子郵件的整理

現今商業不可欠缺的電子信件，若不每天整理大量收取進來的信件，工作就無法效率化。

◆電子郵件的分類方法

事實上，使用電子郵件作業的場合很多，電子郵件軟體中分為「未處理」、「處理完」兩個資料夾；需要回信等，產生「作業」需求的信件，先擺放到「未處理」的資料夾中，處理完畢再歸入「處理完」的檔案夾中。這樣一來便可以準確的防止信件「遺漏處理」。鐵則是：跟工作無關的信件「立刻刪掉」。

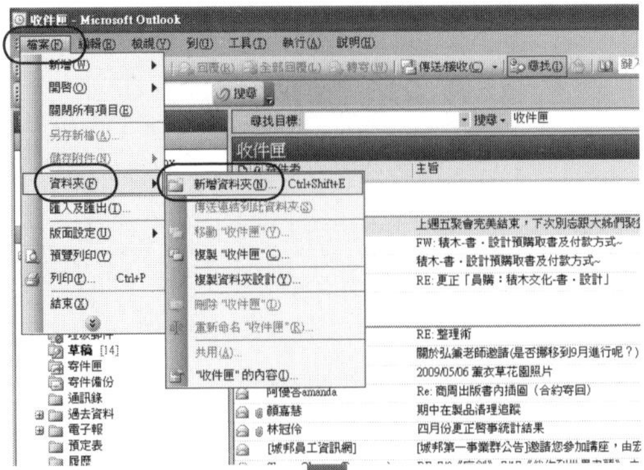

步驟 1

開啟信箱，選取畫面左上角的「檔案」後，「資料夾」的「新增資料夾」

註：使用Microsoft Outlook的例子

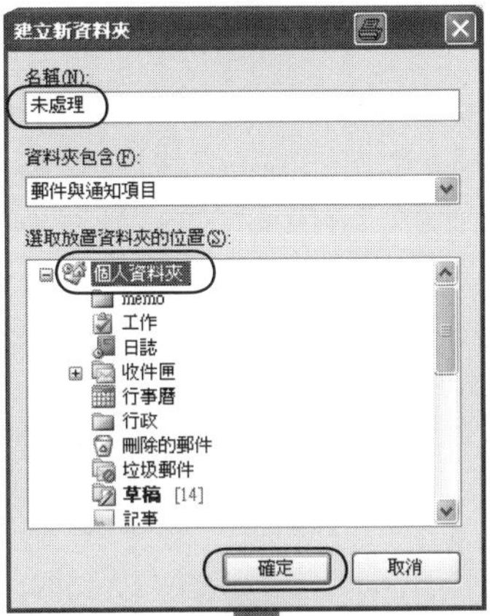

步驟 2

「新增資料夾」的對話框，在「名稱」的欄位輸入「未處理」，然後選取「資料夾位置」的「個人用資料夾」，再按下「OK」。

註：新增「未處理」的檔案夾情況

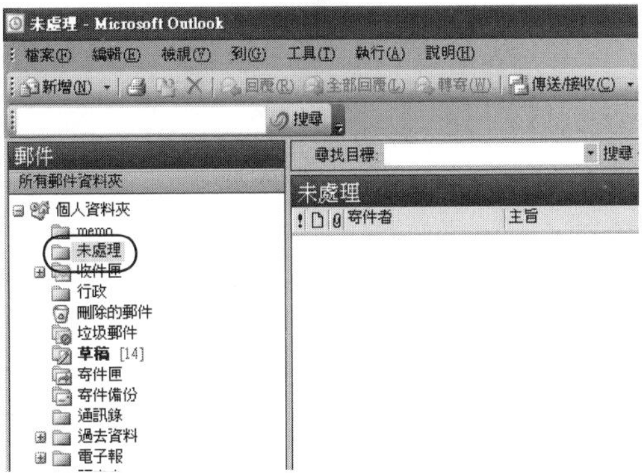

步驟 3

畫面左方的「檔案總表」處，「未處理」的資料夾與「收件匣」、「寄件匣」、「寄件備份」等資料夾並列；新增「處理完」的資料夾步驟也是一樣的。

「資訊」整理術

經常思考提升速度的資訊處理方式

1 製作文件的套用範本

事先製作工作上會用到的文件範本，這樣一來就可以減少不少製作文件的時間，紙本資料跟數位資料的整理系統也都可以被確立。

這也是整理術的一種

咔噠噠噠
這個文件若有套用範本，一定可以提升作業效率。

企圖將文件製作效率化，文件的套用範本是不可欠缺的。

將定期使用的文件（信件）和商業文件的套用範本，預先做好，可以節省很多時間跟工夫。每次重新製作新的文件既浪費時間，又可能漏掉必要事項。但是，套用範本的時候，請注意務必再次確認日期、登記的數字、公司及客戶名稱、電話號碼等。

雖因個人對於電腦的熟悉度及路徑的喜好而有差別，但是如果可以活用「快速鍵」，就可以進一步提升電腦的作業效能。

●一般「商業文件」的套用範本

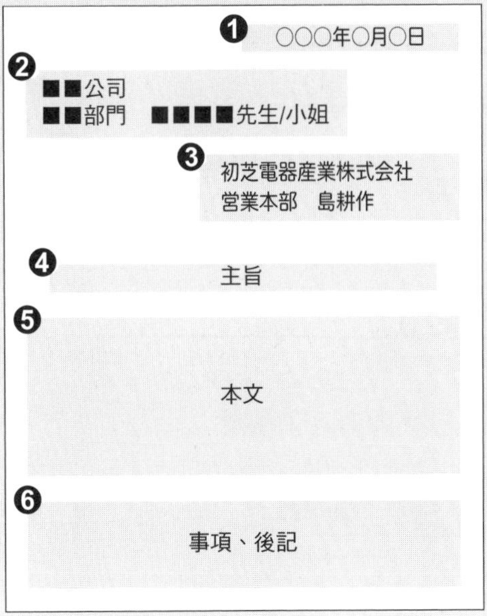
❶ ○○○年○月○日
❷
■■公司
■■部門　■■■■先生/小姐
❸ 初芝電器産業株式会社
営業本部　島耕作
❹ 主旨
❺
本文
❻
事項、後記

❶發信日期

❷收信者

不要使用縮寫，要寫上正式名稱

❸發信者

❹主旨

簡潔明瞭，例如「有關企業會議事宜」等

❺本文

❻事項、後記

在這邊列出場所、時間等事項和追加的事項

●新增「電子郵件資料夾」的例子

❶如右圖於新郵件文本中輸入需要的內容，以文件範本儲存。

❷在信箱上方的「工具」，依序點選「選項」→「郵件格式」→「簽名」→「建立簽名」。

❸點選「使用這個檔案當作範本」並「瀏覽」，最後選擇1項的文件。

❹然後，新增郵件時，第❶項的文字就會自動貼附，這就是應用「郵件」的「簽名檔」功能，貼上文書範本的技巧

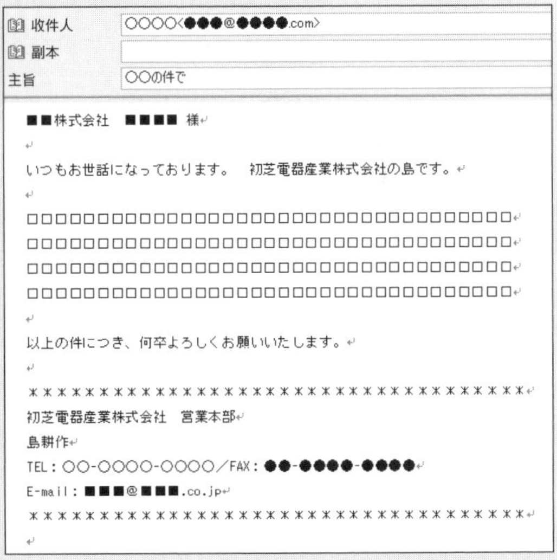
收件人　○○○○<●●●@●●●●.com>
副本
主旨　○○の件で
■■株式会社　■■■■ 様
いつもお世話になっております。　初芝電器産業株式会社の島です。
□□□□□□□□□□□□□□□□□□□□□□□□□□□□□□□□□□□□□□□
□□□□□□□□□□□□□□□□□□□□□□□□□□□□□□□□□□□□□□□
□□□□□□□□□□□□□□□□□□□□□□□□□□□□□□□□□□□□□□□
□□□□□□□□□□□□□□□□□□□□□□□□□□□□□□□□□□□□□□□
以上の件につき、何卒よろしくお願いいたします。
＊＊＊＊＊＊＊＊＊＊＊＊＊＊＊＊＊＊＊＊＊＊＊＊＊＊＊＊＊＊＊＊＊＊＊＊＊＊
初芝電器産業株式会社　営業本部
島耕作
TEL：○○-○○○○-○○○○／FAX：●●-●●●●-●●●●
E-mail：■■■@■■■.co.jp
＊＊＊＊＊＊＊＊＊＊＊＊＊＊＊＊＊＊＊＊＊＊＊＊＊＊＊＊＊＊＊＊＊＊＊＊＊＊

2 活用快速鍵

整理數位資料時，比起使用滑鼠，活用「快速鍵」更能迅速的完成。這邊介紹幾個主要的快速鍵，適合資訊的處理。

註：適用於Windows電腦

◆適合資料處理的快速鍵20

①	F3	資料和檔案的檢索
②	F4 + Alt	關閉目前視窗
③	F5	重新整理目前的視窗
④	F6 + Alt	在相同程式中的多個視窗之間切換
⑤	Ctrl + ＋	放大目前視窗的大小
⑥	F10 + Shift	開啟所選項目的快顯功能表
⑦	Shift + 空白	輸入半形空格
⑧	Shift + Del	永久刪除選取物件（不會放到資源回收筒）
⑨	Ctrl + A	全選文件或資料夾
⑩	Ctrl + C	複製文件或資料夾
⑪	Ctrl + V	貼上文件或資料夾

⑫	Ctrl + N	開新檔案
⑬	Ctrl + P	列印
⑭	Ctrl + Y	重複剛完成的操作
⑮	Ctrl + Z	取消剛完成的的操作
⑯	Ctrl + Windows + F	搜尋電腦
⑰	Ctrl + Alt + Del	強制終止程式
⑱	Ctrl + Back Space	回復到上一個狀態
⑲	Windows + D	所有視窗最小化／顯示桌面
⑳	Alt + Tab / Alt + Esc	程式的切換

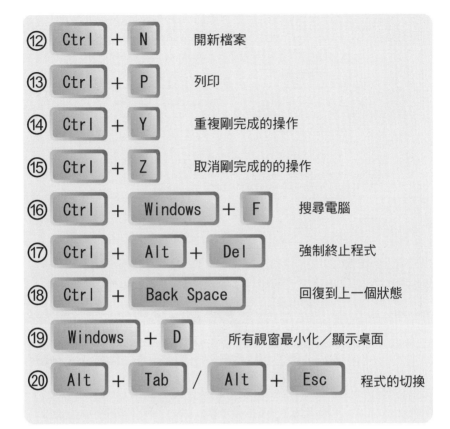

第 2 章

本節重點 ❶

1 數位資料的整理，先從電腦的桌面著手進行。
☞P54

2 在電腦上新增「未處理」、「處理中」、「處理完」三個資料夾，進行資料整理。
☞P56

3 電腦內保存的資料，要定期備份以防資料損壞。
☞P58

4 利用「Google桌面」搜尋檔案，更加便利。
☞P60

5 新增電子郵件內「未處理」、「處理完」的資料夾，管理工作上的信件。
☞P62

6 將定期使用的商業文件和郵件，預先製作套用範本。
☞P64

7 比起滑鼠，「快速鍵」的活用可以加快作業速度。
☞P66

利用手機技術取代Memo功能的技巧

1 手機活用法①

附屬於手機的電子郵件、相機等功能，有益於「資訊」整理。

◆以手機取代Memo

在客戶那邊如何掌握重要訊息不遺漏，對於工作上有很大的影響，但是如果一一記錄下來，反而可能失去效率，此處建議以手機取代筆記的方式，目前已經非常普遍地被商業人士利用。

您好！我是加治不動產的稻本，現在要前去拜訪了！

現在的手機附有多種商業功能，前往拜訪客戶的途中，想到任何創意，雖然可以記在筆記本，但如果可以利用手機的電子郵件功能，將想法傳送回公司的電腦，這樣回到公司，就不需要再將想法輸入電腦中。

首先得要在入口網站取得帳號，除了電子郵件的功能，還可以利用手機確認客戶的信件，管理行程跟郵件通訊錄的管理等服務。

除此之外，利用手機的照相功能照取資料，再將資料傳送到公司信件也是有效運用的技巧，但還是要視狀況而定，因為有可能侵犯到著作權喔！

❶相機的使用方法

外出拜訪客戶前，抄寫對方的名片資料或是報章雜誌上記載的資料，實在很費力，這時候就可以利用手機的照相功能，將需要的資料轉換為圖像資料，並且傳送到公司的電腦，這樣回到公司，還可以確認圖像檔案並再加以活用。不過擅自在書店拍照會有違反著作權的問題，請特別注意。

❷手機的電子郵件功能的使用方法

很多時候我們在外出通車途中，常有突然浮現有關工作的創意，因為忘了記下來，而錯過記錄的最好時機的狀況，這時候如果可以立刻輸入手機，並且傳回自己的電腦就可以解決了。

2 手機活用法❷

有效利用手機的電子郵件功能，本來一定要在辦公室才能處理的資料，也可以在外出洽公時處理跟整理。

◆利用手機讀取客戶的信件

利用入口網站免費提供的「web信箱」功能，即使不在公司，也可以確認公司電腦收到的信件，因為即使因為外出工作，辦公室內的工作也不會減少，如果可以活用外出洽公的空檔，就可以活用時間確認客戶的信件，讓工作效率化。

「web信箱」附有「外部信箱」的功能，可以同時確認公司信件，此外，也可利用「web行事曆」同時進行手機跟電腦的日程管理，一定要活用以上功能。

●收取公司的信件

客戶隨時都可能在自己外出的時候，寄送各種重要信件到公司的郵件信箱，而且最好儘早處理。

今天的討論一點鐘開始可以嗎？
待回覆。
咔噠
咔噠

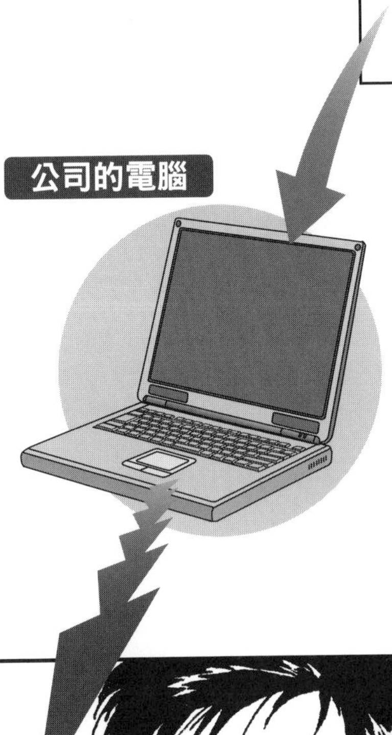
公司的電腦

非常方便的機能

●讀取手機

即使在移動的車裡，也可以確認公司電腦的信件，同時利用收到新到郵件的通知功能。

符合資訊時代的新剪報術

1 情報傳達計畫

這邊要說的是正確的資訊資料處理流程。

（發送）資訊
差不多可以動手了，這是個決勝點喔！

媒體資訊增加，在這個即使在網路也可以取得資訊的現代社會，「資訊的取捨」是必要的，其判別標準之一在於「是否跟工作的結果有關」。如果不以「將來可能會用到」、「哪天或許需要」有效分類，將會被資訊的洪水吞沒。

即使報紙被喻為資訊的寶庫，要讀完所有的報導也要花不少時間。剪報取決的重點在於讀完標題就決定要或不要，把剪報的範圍縮到最小，一至兩個月檢查一次，不要的資訊就丟掉，「新聞」變成「舊聞」，並非因為時間的關係。

有效活用

判斷出「有助於結果」的資訊

☞但是，資訊有「賞味期限」是事實

必要
(收到)資訊
原來如此，差不多了！
資訊
新聞／資訊／資料／連絡等
傳達
不要
再生
・將資訊提供給同事
・點與外部交換資訊
・活用於其他地方
垃圾桶
・和自己無關的資訊
・全都是已知的資訊
・無用的資訊
・過時資訊

2 報紙的剪報術

整理剪報的資訊是不可欠缺的，進行剪報整理有幾項工夫是必要的。

這則報導是重要的，剪下來吧！

很多商業人士需要閱讀大量的報紙，而且以報紙的報導作為資訊素材是非常有用的，然而通常無法從頭讀到尾，因此剪報是必要的，但是不可不明就裡的剪下，而是要抱持著「有助於工作」的觀點來選取。

閱讀報紙時的重點

重點 1

不用看完所有的報導！

一份報紙的文字量相當於一本書的文字量，要在有限的時間內讀完整份報紙，事實上是有困難的。

重點 2

以「標題」判斷想要的報導！

對於自己有用的報導，以「標題」做為判斷的基礎，不要的就不要讀了！

❶ 剪報

記錄剪取報導的出處和日期。放入透明文件夾、信封內，以易懂的標題大致分類，並附上標籤（直接寫在信封上也可以）

❷ 電腦

保存一至二個月後全部再回頭看過，需要留存的報導掃描至電腦裡存檔，然後將剪下的報紙全部丟掉；總之，超過保存期間的報導通通丟掉。

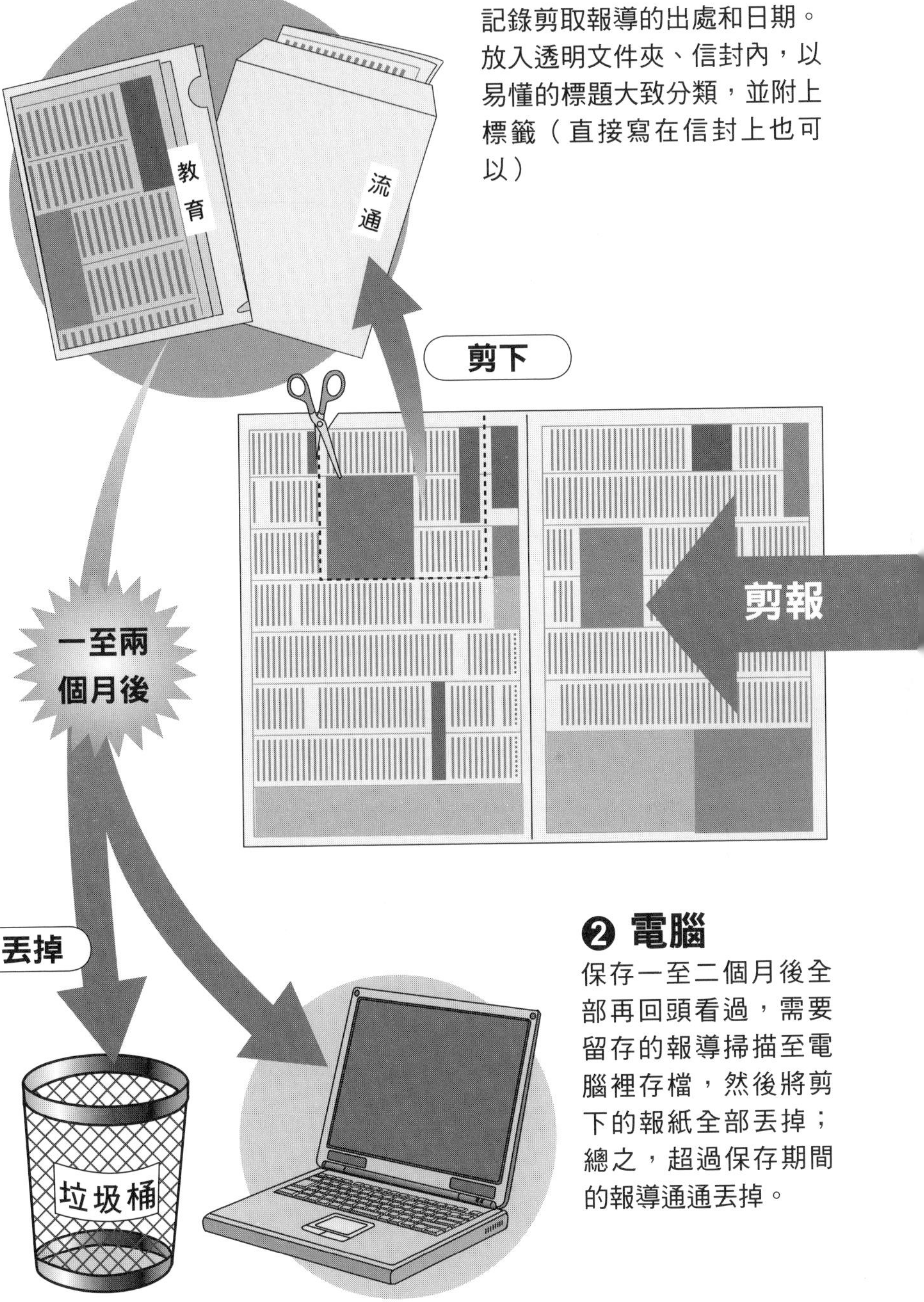

讓「便條紙」和「便利貼」成為整理資訊的武器

1「便條紙」的基本重點

不論在辦公室內外，絕對少不了便條紙，最好將其放置於隨手可得的地方。

◆便條紙的效用

❶備忘錄

寫在便條紙上，最大的目的就是為了「不要忘記」該做的事情，一定要將「回頭確認時，便可以確切喚起記憶」的內容記下。

❷整理腦中的資訊

接受到的資訊太多，造成頭腦混亂的時候，將資訊一一寫於便條紙上，可以整理腦中的思緒。

記號化

平常工作時抄寫便條紙的時候，頻繁出現的名稱可依下列將其記號化，這樣也很便利。

實例：Ⓣ 電話　㊫ 會議　Ⓜ 電子郵件

是否有過驚慌之餘，抄寫於便條紙上的訊息，再回頭確認時，怎樣也看不懂的經驗呢？抄寫備忘的技巧不單單是記下事件跟對象，還有日期跟時間，這樣不僅可以想起當時的狀況，也可以喚起便條紙以外的事情。

另外，除了便條紙，便利貼也很方便，可以依照自己的規則標示，例如「紅色是緊急」、「黃色是傳達給誰」等。由於便利貼便於撕貼，可任意貼於醒目的地方，外出的時候可以將其移到記事本上，不需要再記一次了。

記上日期

抄寫於便條紙的資料，記上日期（年＼月＼日），就可以一目了然是什麼時候寫的，時間跟星期也可以一併寫出來。

簡單明瞭

不必詳細記載內容，只要簡單明瞭條例出可以立刻明白的訊息，就可以省去抄寫的麻煩。

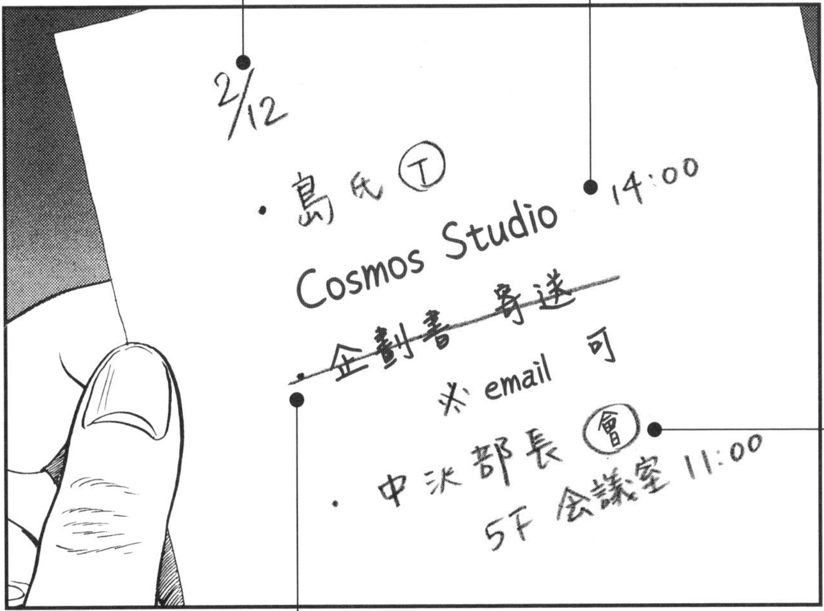

2/12
・島氏 T
Cosmos Studio 14:00
・企劃書 寄送
※email 可
・中沢部長 會
5F 会議室 11:00

結束後就刪掉

消化完畢的事情就用線劃掉，不需要塗掉，這樣就不會發生「忘記到底是否完成」的狀況。

只依賴記憶是危險的，這就是抄寫MEMO的理由！

2 「便利貼」的基本重點

便利貼和便條紙一樣，用途是為了記下重要的事情、到手的資訊。可隨手貼於醒目的地方，但是一定要養成完成後就撕掉的習慣。

便利貼的種類

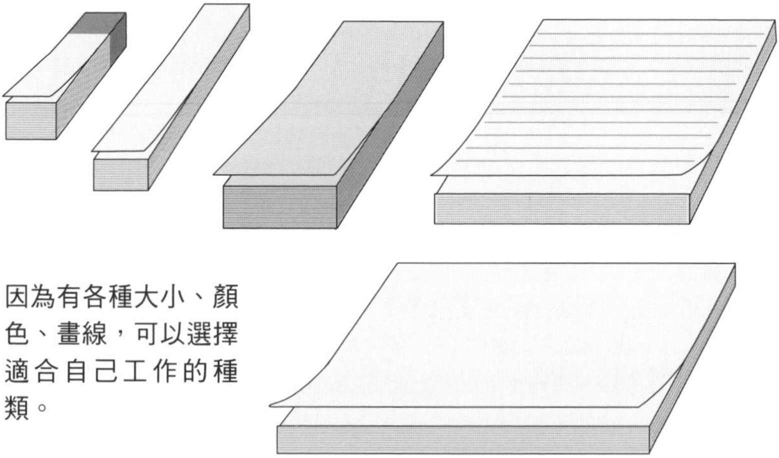

因為有各種大小、顏色、畫線，可以選擇適合自己工作的種類。

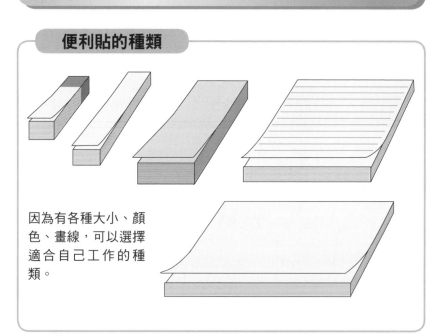

◆使用便利貼的基本實例

●貼於電腦上

電腦幾乎每天都在使用，將重要的事情寫在細小的便利貼上，貼於螢幕邊緣。

●貼於電話上

將便利貼貼於話筒處，這樣一來必須以電話聯絡的事情就不容易忘記了。

●貼於書和雜誌上

以書和雜誌作為「資訊來源」的時候，比書籤更便於使用，但是翻頁的時候要小心避免掉落。

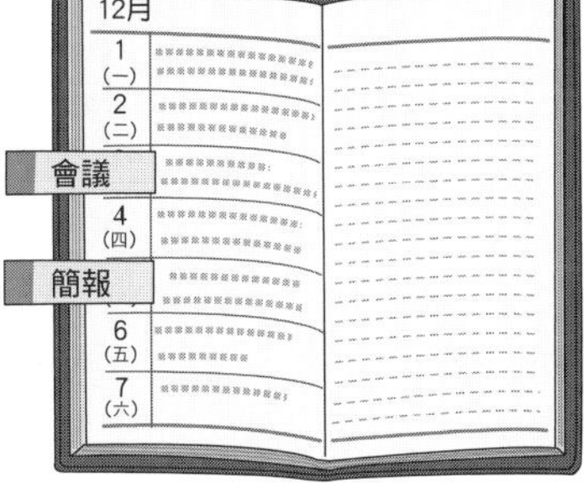

●貼於記事本上

行程上常常出現的事情，先寫於便利貼上，再貼在記事本的日期欄位，隔週還可以重複利用。

記事本一定要標上「時間」、「事項」

1 記事本的選擇

無論在公司內外，記事本是開會、討論時一定會用到的東西，請注意如果抱持著「只要是記事本都可以」的態度來進行選擇，對於工作效率也會有不好的影響。

記事本是工作上強力的武器之一，因為記事本只有自己在看，可以依據自己的記號、顏色……，自由規劃及活用。

活頁型記事本的優點是可以自由交換內頁，依照當時的情況夾入必要的資訊，年度、單月、單週等行程。當然，用完後可以丟掉，或是存放到其他資料夾作為資料保存。因為有各式各樣的內頁，所以要找尋自己使用起來最方便的樣式。當然，裝訂好的記事本，如果有找到合適自己使用的也很好。

◆記事本的代表樣式

記事本大致分為裝訂成筆記本形式的「裝訂型」，以及內頁可依照自己需求組合的「活頁型」兩種。各有優缺點，可選擇適合自己、使用起來順手的記事本。

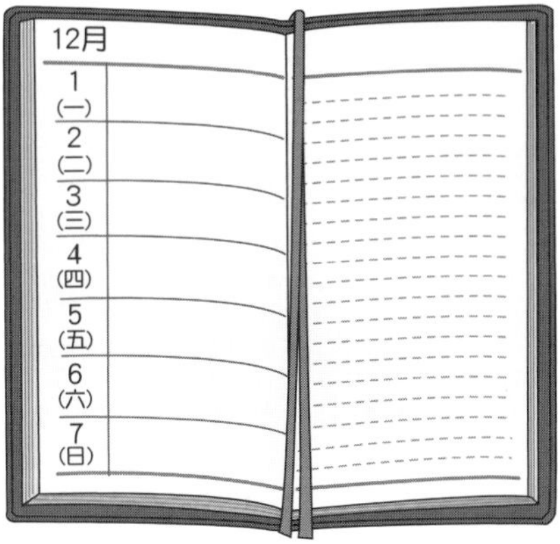

●裝訂型

這類的記事本大小多樣，攜帶也很便利，因為內頁的行程表、地址欄等，依據種類跟廠商各有所長，可依此作為分辨的重點，找尋適合自己的記事本。

●活頁型

基本上是以扣環裝訂資料的活頁夾款式，將適合自己的各種內頁，如行程表、備忘錄等組合在一起，款式多樣，有皮質或是彩色的塑膠材質，設計感十足。

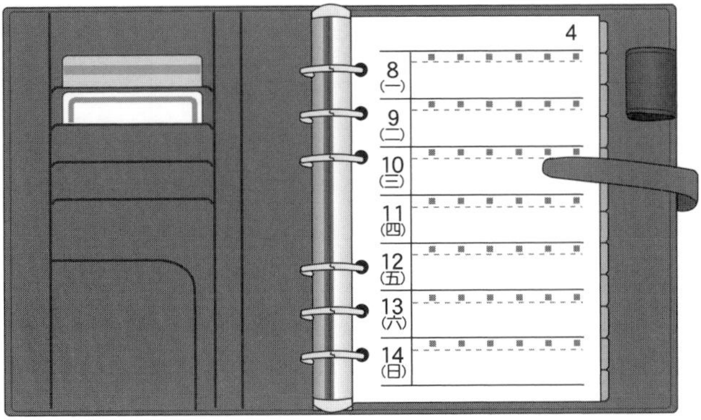

2 活用記事本的技巧

記事本上標示「時間」、「事項」是最基本的，但是不明確的記錄會讓資訊的整理無法連結。

◆單週行程的實例

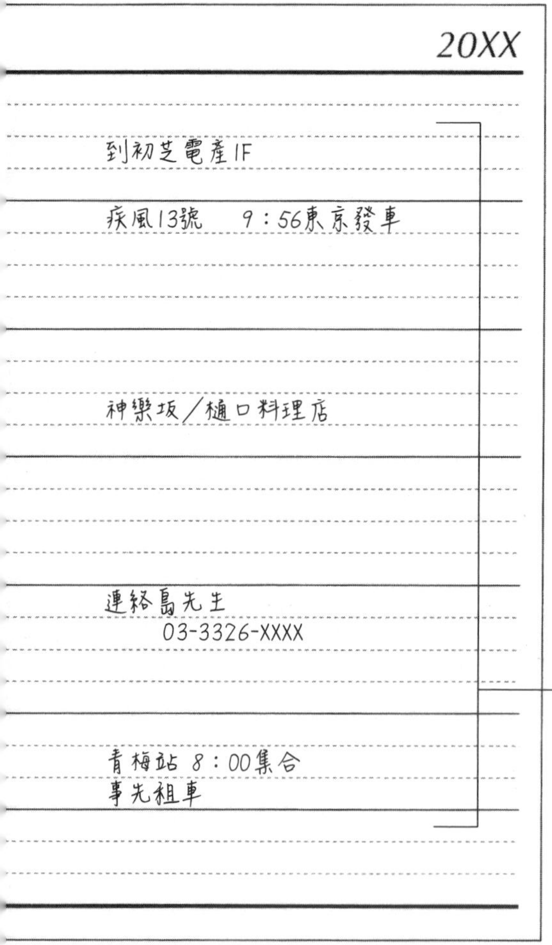

20XX
到初芝電產1F
疾風13號　9：56東京發車
神樂坂／樋口料理店
連絡島先生
03-3326-XXXX
青梅站 8：00集合
事先租車

記事本內經常使用的行程欄位，有「年度」、「單月」、「單週」等種類，這邊以比較常使用的單週行程為例，依據左圖的幾個原則來記錄，就可以確實活用和整理記錄。

寫上具體的事項

備忘欄裡寫上預定的具體內容、場所等訊息，如左圖，將預定事項寫在隔壁的備忘欄裡，就可以輕易了解。

記號化

和前面的備忘便條紙一樣，將工作上頻繁出現的名稱記號化，就很方便。

寫上具體的事項

預定事項安然結束就用線劃掉，像這樣將不要的事情「刪去」，也順便整理「頭腦」。

重要預訂事項的強調

將其周圍用線框起來，使其顯目。

變更預定事項

原先的行程以線劃掉，寫上變更的事項（時間等）。移動預定行程的狀況，以箭頭表示也可以。也可以利用便利貼標示頻繁出現的行程。

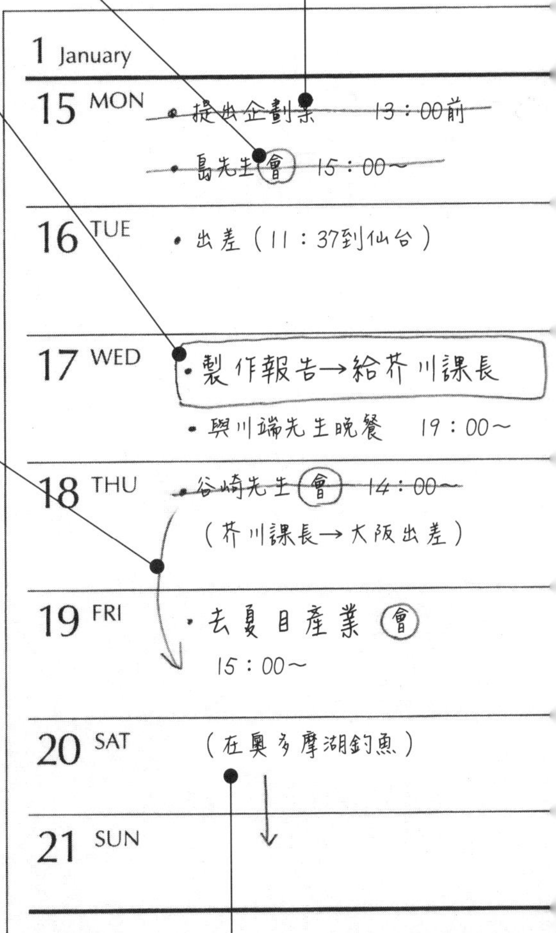

1 January
15 MON
• 提出企劃案 13：00前
• 島先生會 15：00～
16 TUE
• 出差（11：37到仙台）
17 WED
• 製作報告→給芥川課長
• 與川端先生晚餐 19：00～
18 THU
• 谷崎先生會 14：00～
（芥川課長→大阪出差）
19 FRI
• 去夏目產業 會
15：00～
20 SAT
（在奧多摩湖釣魚）
21 SUN

私人行程以顏色區別

利用顏色區分公司以外的預定行程，可以輕易辨識。

12月
1
(一)
2
(二)
會議
4
(四)
簡報
6
(五)
7
(六)

本節重點 ❷

8 利用手機附加的「照相」及「信件」功能，取代備忘錄。
☞P70

9 利用「WEB信箱」等服務，以手機讀取寄送給客戶的信件。
☞P72

10 資訊氾濫的現代，「資訊取捨原則」是必須的。
☞P74

11 有限的時間內讀完所有的新聞報導是有困難的，此時以「標題」作為讀取必要性的判斷標準。
☞P76

12 除了「事項」和「對象」，附上「日期（時間）」，是備忘的訣竅。
☞P78

13 便利貼貼在「醒目的地方」是基本，事情結束一定要立刻拿掉。
☞P80

14 寫上「時間」和「事項」的記事本，事情結束後立刻以線劃掉。
☞P82

第三章

「頭腦」整理術

因為承擔了種種工作上的問題，精神上一點餘裕也沒有，腦袋呈現一片混亂，其實克服的方法很簡單。

「頭腦」整理術

釐清混亂的腦子的步驟

整理頭腦

很多上班族大嘆：「最近工作都無法順利進行」，但是如果早點注意到「頭腦混亂等於未整理」，問題就會不經意的被解決。

不太妙！工作上又出錯了……

忙起來就容易陷入「不知道從何下手」的狀態，其實分辨「優先順序」就是解決的辦法。但是，所謂「優先順序」不單只是思考「想做什麼」，而是「該做什麼」，當腦子開始混亂的時候，試著將案子一一寫在便條紙和卡片上（請參照次頁的順序），就不難看出問題的整體樣貌，如此一來應該就有處理的心情。

說不定你也有這種經驗！

頭腦處於「混亂」當中！

被工作追著跑，精神上沒有餘裕。
工作上的不安和迷惑等

↓

容易造成失誤

↓

「頭腦」的整理

什麼是應該優先解決的事

・跟上司、同事商量
・與工作關係者確認等

↓

整理腦中的思緒

↓

YES！已經沒有問題了，繼續作業吧！

試著將工作上的麻煩寫在卡片上

1 Memo用紙的使用

整理腦中的混亂思緒，一定要將腦中的資訊漩渦全部輸出，方法之一就是「寫Memo」。

事情多到不知道該從何開始下手，「頭腦」呈現一片混亂，這時候就用「Memo用紙」和「卡片」來解決。

例如，利用Memo用紙條列出，有關某個案子的「結案期限」、「應該跟上司商量」等問題點，如此就能夠掌握問題的整體樣貌。但是，既然做了備忘，有時候「遺忘」也是必要的。

如果同時處理多個案子，也可以利用卡片將所有事項一一寫上，越簡潔、具體越好。然後，將問題相似的卡片集中、分類，這樣比起只是在腦中思考，能更快朝向解決的方向。

◆試著將問題點寫出

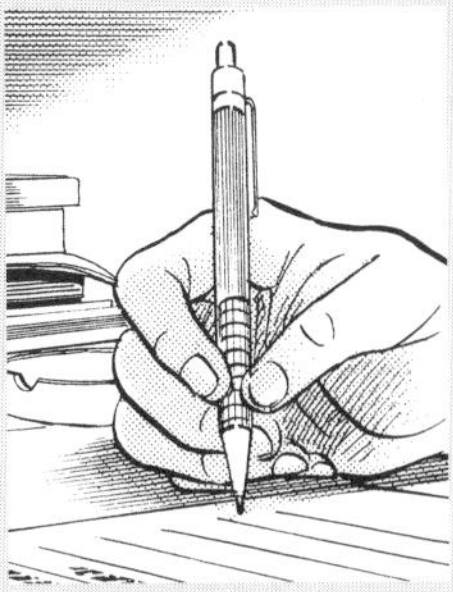

面臨工作上的種種麻煩，讓頭腦呈現混亂狀況。此時，先將想到的問題點一一條列出來，如：「還剩下多少時間？」、「這件事情一定會變成什麼樣子？」等。

解開問題的癥結點

・將各個問題點明確化　・把握工作的全體樣貌

知道應該採取什麼樣的策略

「應該跟上司商量」、「某件事情往後調動」

找不到解決策略的時候

將想通的部分Memo起來，一旦「忘記」了，日後還是可以依此想出解決辦法。

2 卡片的使用

和前項利用Memo用紙一樣，是將腦中資訊輸出的過程，而「動筆寫下」是很重要的工作。

◆參考「KJ法」的頭腦整理術

「KJ法」是文化人類學家川喜田二郎先生（Kawakita Jiro）提倡的「創造性問題解決法」，乃是創造、發想新事物之際，將之加以廣泛運用。以下解說的部分，是參考這個解決方法的「頭腦」整理術。

需要準備的東西

- 裁切好的紙卡（也可以裁切影印用紙）
- 筆

※桌面要事先挪出足夠的空間

Process ❶

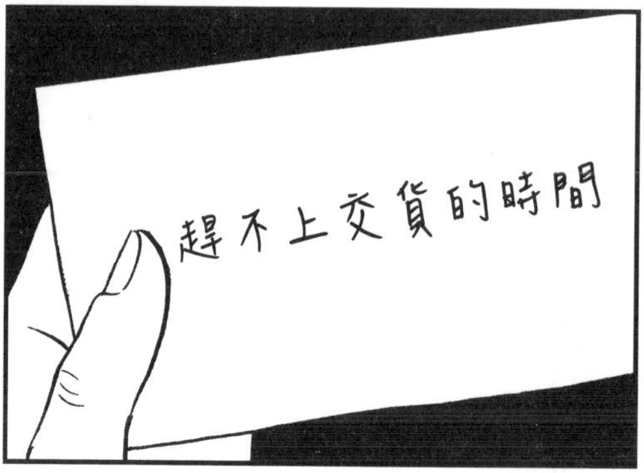

趕不上交貨的時間

腦中呈現一片混亂時，先思考為何會變成這樣，然後將想到的事情，一件一件分別寫在卡片上，描述盡可能簡潔明瞭並且具體。

實際上將事情寫出的動作，腦中已經一邊在思考、整理！

Process ❷

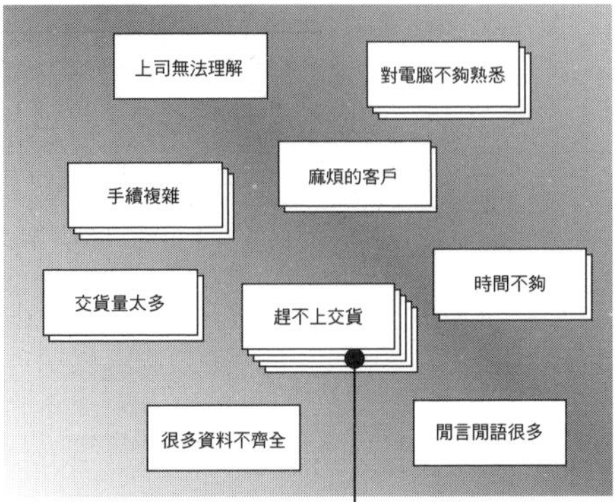

上司無法理解
對電腦不夠熟悉
手續複雜
麻煩的客戶
時間不夠
交貨量太多
趕不上交貨
很多資料不齊全
閒言閒語很多

使用較大的桌面，將步驟❶的卡片各自分類集中，一邊用直覺將類似和相近的事件集結，一邊分類成不同的群組。

Process ❸

代表的卡片
行程的問題

分別以一句話來表示每個群組，並且寫在「代表的卡片」上（放在每個群組的最上方）

問題變明確了

大略看過所有的「代表卡片」，就能思考出每個群組之間的關聯性，接下來應該怎麼做，就會比起先前更加明確，就能想出具體的解決策略。

與人交談有助於頭腦的整理

1 處理「突然浮現的點子」

突然浮現的點子，雖可活用於日後，但卻有「難以被記憶」的特性。

◆使用便利貼

因為只是突然浮現的點子，很多時候沒特別記錄下來，結果日後怎麼想也想不起來。因此，即使是突然浮現的點子，也一定要立刻記在便利貼上；此外，「便利貼」還可以衍生更多的好處。

腦中突然浮現關於工作的點子，但還只是簡單的想法，不夠具體，很容易被遺忘，最好在它消逝以前，用「便利貼」記錄下來。

上班族只要在西裝外套的口袋或是公事包內，放入筆跟大型的便利貼，就可以隨時隨地記錄，並貼到記事本上，如此就不需要再抄寫一次。

與人交談也是整理「頭腦」的重要方法，無論是跟上司、同事，又或是工作上無關的人，都可能發揮意想不到的效果喔！（同時還能消解壓力）

關於突然浮現的點子的「管理跟保存」，請參考106頁的解說。此外，便利貼的大小，請依據自己的方便來挑選。

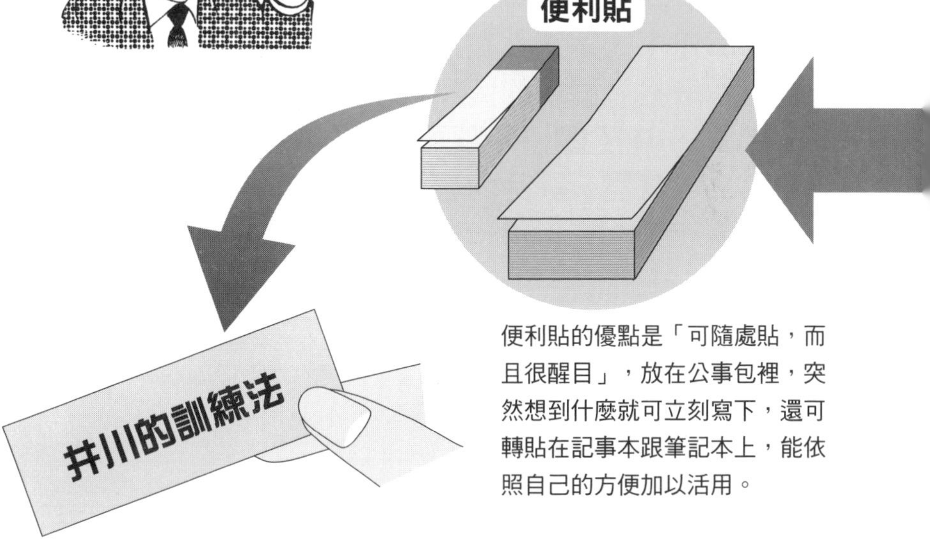
便利貼
井川的訓練法

便利貼的優點是「可隨處貼，而且很醒目」，放在公事包裡，突然想到什麼就可立刻寫下，還可轉貼在記事本跟筆記本上，能依照自己的方便加以活用。

使用便利貼，即使是「突然浮現的重要點子」也可以即時抓住！

2 「交談」所帶來的效果

整理出腦中「資訊的重點」是必要的，藉由「交談」可以自動消化腦中的資訊。

◆與人交談時容易留下記憶

在日常工作中，每天都在接收各式各樣的資訊，所以一定要有所取捨，腦中的資訊只要越積越多，就會造成思緒的混亂，為了儘快整理頭腦中的資訊，首先先找人「商量」；當然，談話內容一定要與這些資訊有關，藉由對談整理腦中的資訊，還能有助於記憶。

❶累積資訊

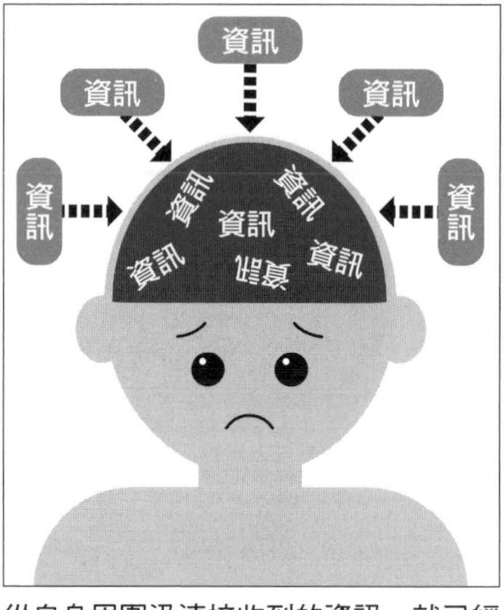

從自身周圍迅速接收到的資訊，就已經亂七八糟的堆積在腦中，造成完全的混亂。

❷與人交談

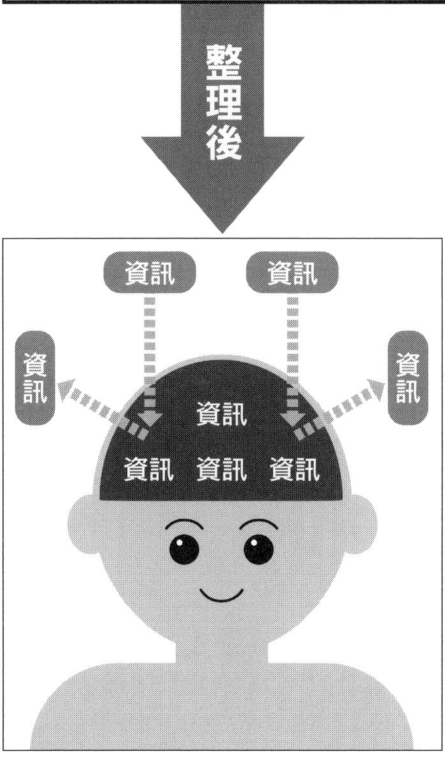

交談的對象不只限定在上司、同事，任何人都可以，而最好的時機是在工作結束後的飯桌上，這樣的交談比較不那麼心浮氣躁。人在交談的時候，會為了將事情正確的傳達給對方，自然「歸納」腦中的資訊，其實這才是「整理頭腦」。將接收到的資訊經過這樣的處理，再輸出就會變得比較順利。

井川的訓練法

第 3 章

本節重點 ❶

1 腦中陷入混亂的時候，決定「應該先處理的事項」，就能漸漸整理出頭緒。

☞P90

2 試著將工作上的問題一一寫在「便條紙」，就能解決腦中的混亂。

☞P92

3 即使寫出問題點也找不出解決方式，所以必要的「遺忘」也是很重要的。

☞P93

4 參考「KJ法」的「卡片」整理術，整理腦中的思緒也很好用。

☞P94

5 為了不要讓突然浮現的想法溜走，要立刻記在便利貼上。

☞P96

6 「交談」可以消化腦中的混亂，同時將資訊停留在腦中。

☞P98

善用通勤的時間 提升自己

1 活用通勤的時間

即使移動中，也可以管裡腦中的資訊；若能夠加以實踐，工作效率將明顯的提升。

沒想到移動的時間這麼多

因工作關係的通勤時間（如上下班、出外勤），若是利用火車、巴士、汽車，在市區內平均約一個小時，包含下班後的外出，沒想到「移動的時間」竟如此的多（請參照左圖）。當然，出外勤的時間，因為職業而有所不同，在利用這些移動的時間時，請先好好理解現實情況。

一天的移動時間（以電車為例）

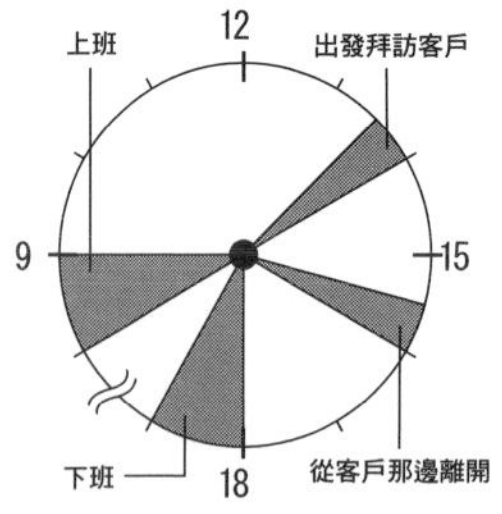
上班
12
出發拜訪客戶
9
15
下班
18
從客戶那邊離開

以此為例，移動的時間總共是三個小時。

為了在工作上有成功的表現，「鎖定零碎時間」就是一種戰略，請試著思考「零碎時間等於移動時間」。商業人士的通勤時間跟移動時間想必不少，例如前往拜訪客戶的途中，可以先思考等一下要商談的事項，回公司的路上，想一下接下來的行程，都遠比舒服打盹要好多了。

如果待在辦公桌上想不出如何利用先前介紹過的「點子與便利貼」，就可以利用通車的時間動腦筋想想，當然不是隨便想想，這時候可以利用「奧斯朋的檢核表格」。

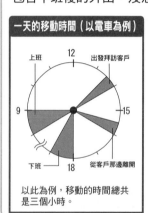

◆移動時間可做的事情

資訊的再次驗證

- 想想當日新聞報導等
- 確認工作的行程與安排狀況

! 把移動時間拿來做「準備」是很危險的！

任何事情一定要事先準備，通勤途中的移動時間，很難保證一定可以做好準備。

將突然想到的點子記錄下來。

使用商品

●記事本（便條紙）

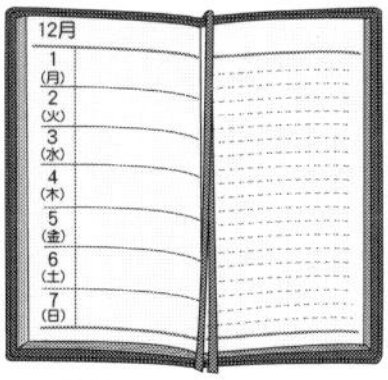

☞P82

●筆

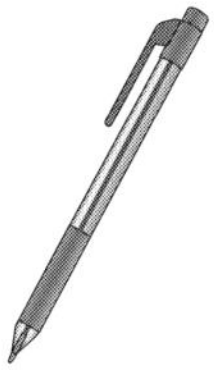

●便利貼

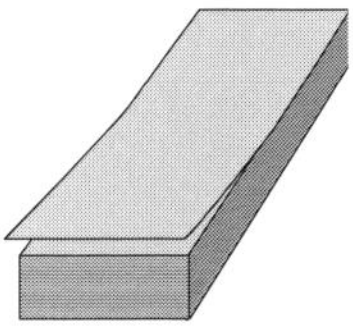

☞P96

●手機

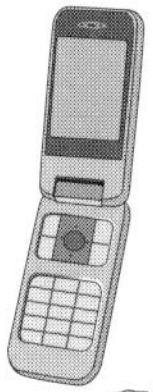

☞P70

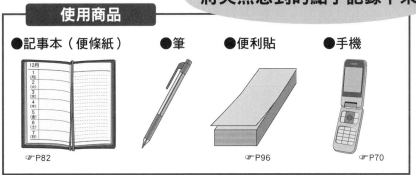

2 點子的保存和管理

在便利貼上勾勒出腦中浮現的想法的「形狀」後，管理跟保存就是接下來的重要工作，那麼到底該如何進行呢？

◆利用卡片保管點子

寫在便利貼上重要想法

☞P80參照

井川的訓練法
謄寫在卡片上

❶將便利貼的訊息謄寫到卡片上

根據96頁介紹的技巧，將浮現腦中的想法寫在便利貼上，然後貼附在記事本、筆記本內然後活用，但內容會漸漸膨脹，很快地就會變得很凌亂，如果要保存或是堆放這些想法，最好還是將它們謄寫在卡片上管理。

便利貼不利於
長期保管！

❷延伸內容

> 井川的訓練方法
> ↳以重量訓練為主體，再加上自己的特殊方法
> ⇨每項訓練能鍛鍊身體的哪些部位呢？
> ☆採訪（攝影、解說等）

不單單將便利貼上的想法謄寫到卡片上，一定要做某種程度的擴展，但是，不需要像是在寫「文章」。一邊利用箭號一邊條列出由最初的想法所衍生的事項。

❸收納在保管用的盒子

將收納名片的盒子拿來放置這些卡片，並使用索引標籤便利搜尋，當想到「關於什麼想法的記錄」，可以立刻搜尋，並活用於工作上。此外，對於腦筋打結的時候，利用這個系統整理，應該也會覺得特別好用。

3 由點子開始思考

整理「頭腦」最終一定要結合新的「創造」，而決勝點就是將整理過的創意，轉變成有形的東西。

◆使用「奧斯朋的檢核表格」

延續前項提到的，要將想法保存於卡片中，透過這邊介紹發想法，活用這些卡片並且從中思考。左頁的清單稱為「奧斯朋的檢核表格」，提出腦力激盪法的艾力克斯・奧斯朋（Alex Faickney Osborn）表示，「這個模式是為了將創造的要素組合起來」，如果創意都堆放在倉庫，無法充分運用也無法與工作結合，那麼這些創意就變得毫無意義。所以在取得卡片後，一邊利用檢核表格的九個項目，一邊對每個創意進行思考。

以檢核表格思考寫了創意點子的卡片，進而產生出新的發想。

奧斯朋的檢核表格

1	新用途	・就這樣了嗎？沒有其他的用途了嗎？ ・沒有改良、改善後的用途了嗎？
2	運　用	・沒有類似的東西可用了嗎？ ・沒有什麼東西啟發出其他的想法呢？ ・無法模仿了嗎？
3	變　更	・無法改變其意義、樣式、外型、方向、顏色、聲音、味道等嗎？
4	擴　大	・可以使其變大、拉長、變高、變厚、變強嗎？ （時間、頻率、附加價值、材料）
5	縮　小	・可以使其變小、縮短、降低、變輕薄嗎？ ・減少什麼或是可以省略什麼嗎？
6	代　替	・可以用什麼取代呢？ ・可以選用其他素材嗎？ ・有其他可以達成的方法嗎？
7	調　換	・試著替換要素？ ・與其他的版型調換呢？ ・與其他的順序調換呢？
8	逆　轉	・試著反過來想？ ・上下左右顛倒看看？
9	融　合	・可以跟其他東西融合嗎？ ・試著混在一起？ ・試著將組件、目的搭配在一起？

逃離消沉的首要方法

1 工作上的「消沉」

無論是誰，也無論工作幾年，都有陷入「消沉」的時候，而解決消沉也是整理「頭腦」的一種。

◆抓住消沉的原因

為了解除消沉的心情，首先要先找出原因，是工作上的什麼問題呢？還是私人生活的問題呢？當然，私人的事情跟工作無關，但確實會影響到工作上的精神。

低潮的原因到底是什麼呢？

一流的運動選手也有陷入低潮的時候，問題是該如何脫離呢？上班族若無法釐清低潮的原因，是來自於工作還是私人問題時，不妨就逃離看看。

例如利用週末去旅行，或是一整天埋首於有興趣的事物中也不錯，雖然無法逃脫，但起碼可以養足精神跨越低潮。想想要花費多少錢投資自我，然後一鼓作氣的轉換絕望的心情是很重要的。想要忘卻消沉的意志，少不了有趣的事情。

原因

工作上的事情

①關於工作上的內容
②職場上人際關係遇到困擾
③人事升降、異動、轉調（辭職）等問題　其他

私人生活的事情

①自己在家人和家族的關係上出了什麼問題呢？
②對於自己的健康（體力）感到不安
③在戀愛方面的男女問題　其他

2 逃脫消沉的方法

逃脫消沉是恢復精神所不可欠缺的，這時候請儘管忘掉工作上的事，好好的埋首於自己喜歡的事情當中。

◆企圖「轉換氣氛」

突如其來的消沉

↓

**忘掉工作，
去做自己想做的事情**

↓

跳脫消沉

陷入低潮時，很多情況是因為身心的疲憊，如果要脫離這個狀態，就要去從事和工作無關的事情，埋首於趣味當中，因為「轉換氣氛」才能「重新振作」。當然，如果明確知道消沉的原因，找人聊聊也不錯。

讓身心休息

好久不見！

忘記時間，讓身體跟心靈都放鬆，找朋友聊天、小酌也是很有效果的。

埋首於興趣當中

飛吧！
鏘

藉由投入於自己有興趣的東西和運動當中，人生因而感到充實。

找人聊聊

是！

如果已經清楚是什麼原因，那麼就請上司、同事、朋友給予適切的建議。

和家人一起度過，或是去旅行也都很有效果喔！

重點 藉由以上的方式獲得消除低潮的能量。

3 正面思考和負面思考

由於公事和私事的不安因素所造成的消沉，多來自於對自身的思考方式。

◆認識兩種思考方式的差異

正面思考

●對事物的思考方式既樂觀也很有彈性，對什麼事情都很坦率且積極。

☞將腦中的資訊想得較「單純」

負面思考

●對於事物的思想太過偏頗，容易多疑、絕望。

☞將腦中的資訊想得較「複雜」

「正面思考」和「負面思考」最大的不同，在於思考的「柔軟度」，正面思考屬於比較有彈性，但因為想得較單純，容易意志不堅，頭腦容易混亂。

這裡以兩個容易產生煩惱跟不安的案子為基礎，比較正面和負面思考。

案例❶
工作上發生錯誤

- 為什麼會出錯呢？
- 應該怎麼對應呢？
- 就當作是個經驗吧！

- 算了，已經結束了！
- 又被罵了！
- 我是個沒用的人！

「正面思考」面對煩惱不會感到自責，且進而改善。

案例❷
私生活的煩惱

- 誰都會有煩惱
- 找個人商量
- 該怎麼改善呢？

- 自己悶頭痛苦
- 我是個不幸的人
- 算了，已經無所謂了

「負面思考」　比較無法接受現實，過於絕望。

井川的訓練方法
↪以重量訓練為主體，再加上自己的特殊方法
⇨每項訓練能鍛鍊身體的哪些部位呢？
☆採訪（攝影、解說等）

第 3 章

本節重點❷

7 移動的時間最適合用來「訊息的再次驗證」，但不適合用在「準備」。

☞P102

8 要長期保存寫在便利貼上的點子不容易，所以可以寫在「卡片」上保管。

☞P104

9 參考「奧斯朋的檢核表法」，將想法具體化。

☞P106

10 「消沉」的原因，基本上分為「工作上的問題」、「私生活的問題」兩大類別。

☞P108

11 要逃脫消沉，請儘管忘掉工作上的事物，因此「轉換氣氛」是不可欠缺的。

☞P110

12 消沉的根本多源自於對待事物「負面思考」方式。

☞P112

第四章

「工作」整理術

為了安排好自己的工作，並確實掌握，必須依循某種「規定」。只要這麼做，工作就會有戲劇性的轉變。

1「工作」的基本常識

整理「工作」的時候，一定要考慮自己所負責的工作「種類」。

◆掌握工作的種類

所有的工作可分類為左圖所示的六個種類。整理自己負責的工作，為了讓自己的工作更順暢，務必清楚掌握這些工作的性質。

有不耗時的作業，就有耗時的作業。

就算統稱為「工作」，也有各式各樣的類型。大致分為以下六種：①定期處理②立刻處理③留待解決④雜事⑤一起作業⑥可按照自己的意識進行。

有些工作需要配合其他人的狀況，有些則可以依照自己的速度進行。

因此，這邊的重點在於「零碎時間」的運用。

安排工作的時間和時機時，分為「耗時一個小時的事」、「十五分鐘就搞定的事」等，這樣就可以有效利用空下來的時間，無論是誰，工作要有效率，就要知道每項工作所必須花費的時間，接下來的問題就是完成工作所需要的安排力跟集中力了。

不定期發生的工作，之後不會再重複，要注意儘可能立刻處理。

用印和統計之類的定期例行公事，重點之一在於怎樣處理最不費事。

由於行程和工作量等因素，無法在一天內完成的工作。

處理電話、郵件、傳真、影印等如此瑣碎的事務。

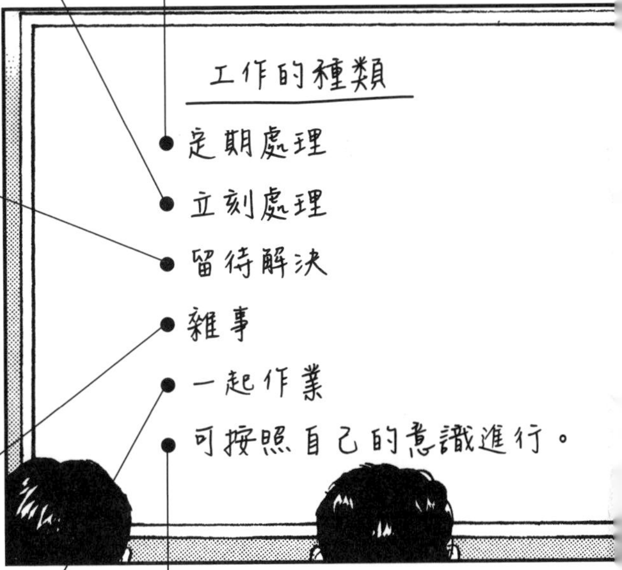

工作的種類
定期處理
立刻處理
留待解決
雜事
一起作業
可按照自己的意識進行。

多數的人一起協力合作進行同一個主題，多半要長期企劃。

題目和行程可依照自己的意識和思考方式進行的「自發性」作業。

2 用以整理「工作」的時間

不只是「工作」上的整理，「適任工作」的人，不會徒勞浪費時間，大多可以有效的運用時間。

◆有效運用「零碎時間」

基本上工作的行程安排及確認（調整），以及各種文件歸檔等皆無法被預計，直到自己負責的工作，照預定行程進行，才是「事實」；此外，如果時間被切割得太零碎，工作進度上就會出現延遲等不好的影響。但是如果可以像左圖那樣，找尋一日的工作時間中的「零碎時間」並善加利用，不僅對工作上主要進行的業務不會有太大的影響，還能進行工作上的整理。

●等待的時間

利用外出商談時的等待時間來確認資料等。

嗶
嗶
嗶
嗶

●移動的時間

簡單的事情，在移動的捷運（計程車）中也可以聯絡。

想要提升工作效率，
就要有效運用零碎的
時間！

●午休時間

可以一邊吃飯，一邊確認接下來的作業。

●開始工作前

如果可以早點到公司，就可以在工作前，準備與確認一整天的工作事項。

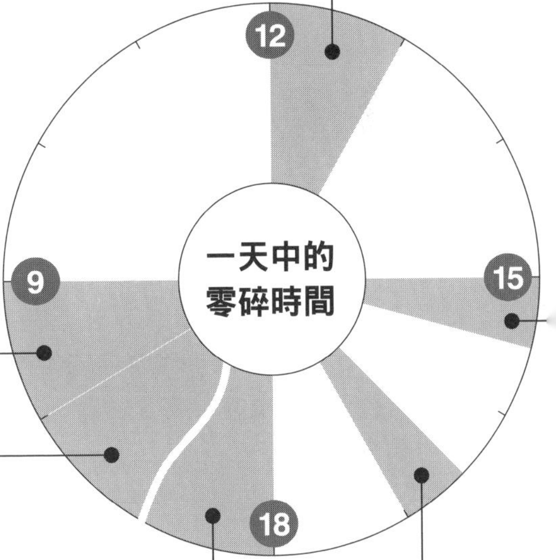

●通勤時間

這個時間大致上是規律的，可以用來確認行程等。

●下班後的時間

整理辦公桌周圍的環境和當日工作事項的再確認，也很適合寫工作日誌。

最好先決定工作的「優先順序」

1「寫出」工作事項

工作量一多，就很難安排進度，其實對策很簡單。

當工作量增加卻又不知道該從何處著手時，試著將工作內容全部寫出來。如此一來，腦中的事情將會豁然開朗般被整理出來，應該就能看出首先該著手（安排）的事情有哪些。順帶一提，圖中的「委任」是指「委任他人」。

安排工作的時候，如果只在腦子裡思考是理不出頭緒的。此時就要用「寫出工作事項」來了解目前的狀況。

首先，照著想法將負責的工作一一寫在便利貼上，掌握工作的整體樣貌；然後區分成「緊急——無論如何一定要完成嗎？」、「重要性——必須親自處理，無法委託他人嗎？」、「時間性——一定要在什麼時間內？」三項，重新排列後就可看出優先順序了。

❶寫在便利貼上

試著把自己的工作，一項一項的寫出來，然後，決定「最優先」、「優先」、「委任」的項目，將寫好的便利貼，貼在A3大小的紙上（A3大小的紙對折後就是A4大小了，方便收納）。

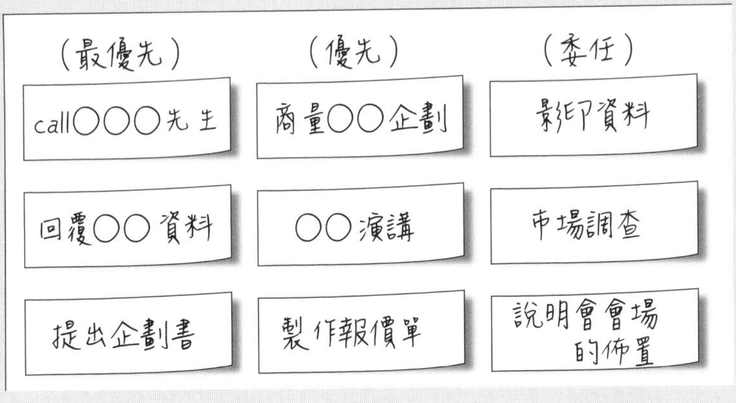

❷寫在紙上

在筆記本上設定「工作」、「最優先」、「優先」、「委任」的欄位，然後簡單的將自己擔任的工作一項一項列出，進一步評估它們所屬的欄位（請參照以下圖表），並畫上圈圈。

工作	最優先	優先	委任
提出企劃書	○		
說明會會場的籌備			○
影印資料			○
Call○○○先生	○		
製作報價單		○	

2 思考工作優先順序的方法

以優先順序（「最優先」、「優先」、「委任」）安排工作事項的時候，最好以某些一定的「要素」作為判斷的基礎。

◆判斷的「三要素」

先將自己負責的工作一一列出，然後按照前項介紹過的方法「最優先」、「優先」、「委任」分類，但是此時最好試著利用左頁的「三要素」作為判斷基準。雖然在安排工作的時候，大多傾向依賴自己的能力跟經驗來決定，但如果經常以這三個要素作為判斷基礎，工作應該可以更有效率的進行。

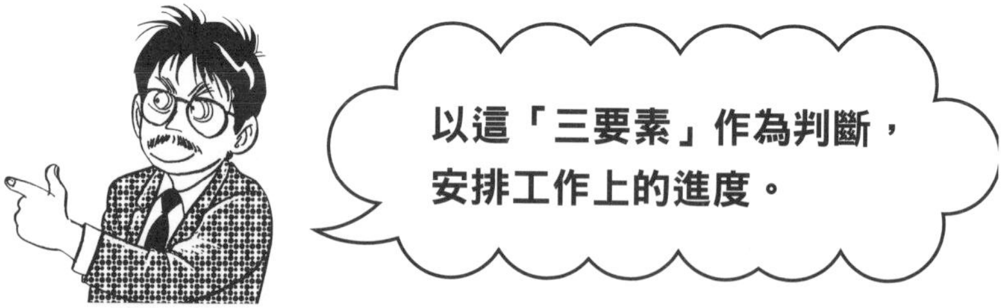
以這「三要素」作為判斷，
安排工作上的進度。

以工作的「優先順序」來行動吧！

1 緊急性

・截止日期前還有多少時間？
・若能提早完成，會有什麼優勢？

2 重要性

・必須親自處理嗎？
・可以跟其他人一起處理嗎？

3 時間性

・完成之前，會耗費不少時間嗎？
・很費神的工作嗎？

運用以上三個要素作為判斷工作優先順序的基礎。

3 活用辦公桌的桌曆

安排工作時必須具備行程的管理意識，在考慮優先順序時，把各項工作的預定日也一併整理進去。

◆管理中長期的預定計劃

辦公室中使用「桌曆」的頻率超乎想像的高，使用時不單單將它們當作桌曆，還可以簡單記下「應該作的事物」。84頁有介紹過筆記本的單週行事曆，但因為桌曆與目光接觸的機會較多，可以一眼掌握中長期（一週、一個月）的預定事項，同時方便記錄電話中發生的突發預定事項等。為了安排工作，請務必要充分利用桌曆。

❶作上記號掌握預定行程，可以嘗到工作上的小小「成就感」。

❷改變後的預定行程，以箭頭表示即可，不需要一一塗掉，這樣才能清楚掌握原先預定的事項。

❸以箭頭表示連續幾天的出差行程，就能一目了然。

❹將周休及國定假日以外的個人休假以圓圈框起來，醒目的標示，如果用色筆標示就能更加清楚。

20××
11
SUN MON TUE WED THU FRI SAT
28 29 30 31 1 2 3
4 5 6 7 8 9 10
11 12 13 14 15 16 17
18 19 20 21 22 23 24
25 26 27 28 29 30 1

選擇略大的月曆，就有足夠的空間可以標示行程，使用起來也很方便。

範例

SUN	MON	TUE	WED	THU	FRI	SAT
28	29	30	31	1 健康診斷	2	3
4	5 與芥川先生商談 15:00	6	7	8 松坂小姐 11:30	9	10 ※去仙台
11	12	13 原稿結案	14 札幌採訪	15	16	17
18	19 休	20 去海老名 ～13:00	21	22 交貨 ～16:00	23 企劃會議 14:00～	24 ※西伊豆（釣魚）
25	26 簡報（公司會議室）14:00～	27	28 和營業部商量 10:00～	29	30 跟同事小酌 18:30～	1

(最優先)
call○○○先生
回覆○○資料
提出企劃書
(優先)
商量○○企劃
○○演講
製作報價單
(委任)
影印資料
市場調查

第 4 章

本節重點 ❶

1 無論什麼工作，基本上可以分為「六個種類」，請以此作為掌握工作的標準。

☞P118

2 工作效率化必須有效運用工作時（包含通勤）的「零碎時間」。

☞P120

3 安排工作的時候，首先寫出自己負責的工作，掌握整體樣貌。

☞P122

4 寫出工作事項的時候，將它們各自分類為「最優先」、「優先」、「委任」。

☞P123

5 以「緊急性」、「重要性」、「時間性」三個要素來判斷工作的優先順序（最優先、優先、委任）。

☞P124

6 辦公桌的必備商品「桌曆」，對於管理中長期的預定計畫非常有效。

☞P126

溝通鐵則「報告、聯絡、協商」

1 徹底做到報告、聯絡、協商

如果無法徹底執行，組織將無法順利運作。

◆首先傳達給直屬上司

為了順利進行工作，一定要徹底做到「報告、聯絡、協商」，這也是組織的「溝通」項目之一，而工作本來就需要周圍的協助才能順利進行，但此處一定要注意，因為是要傳達給直屬上司，若有拖延將招來意想不到的麻煩。

抱歉！井川先生的採訪失敗了。

商業世界中經常認為「報告、聯絡、協商，可以使組織變強」。此外，無論對象是誰，為了正確的傳達談話內容，「5W1H」就是重點。這也可以當作採訪報導的順序，這個訓練方式是將事實和情況簡單明確的集結起來。如果是要直接跟上司「報告、聯絡、協商」的時候，請依此事前在腦中整理一次。

另外，「報告、聯絡、協商」的時候，比起報喜不報憂，簡單說明問題的癥結，事情才能有效進行，無法將問題說明清楚，時間一拖長，就會更難解決。

報告
- 仔細的報告事情的經過。
- 不管是多小的麻煩和失誤都要盡快報告。

聯絡
- 為了不要弄錯內容，立刻聯絡。
- 即使是外出的時候，也要交代自己所在的位置跟預計的行程。

協商
- 遇到困難不要一個人傷腦筋，要和上司協商。
- 逐一報告協商的經過和結果

2 正確傳達的「話術」

藉由如何站在對方立場，正確的思考，同時順利的傳達，對於自己工作的進步有很大的影響。

◆以「5W1H」為基礎來說明

在工作上，不知道什麼時候會需要和客戶交談，但是如果無法將自己的想法正確的表達給對方知道，有可能需要一再的進行討論，這將影響工作效率。和對方談話時，依循左頁「5W1H」的方法就可以正確無誤的提高傳達效率。

保持5W1H的意識，連帶整理自己要說的話。

什麼是5W1H？

W	**WHEN** 大概是什麼時間	說話時間的分配
	WHERE 什麼地方	說話場所的確認
	WHO 誰	說話對象的掌握
	WHAT 什麼	說話內容的檢討
	WHY 為什麼	說話理由的明確化
H	**HOW** 如何	說話方式的改善

將資訊記錄在名片上，打造人脈的技巧

1 使名片「有效化」

收到名片後，不要直接收起來，在上面寫上資訊，將成為重要的「情報源」。

因為工作增加的名片，在上面標示「日期、地點、事件」等，最好也記上對方的特徵、興趣、喜好。企業人士以名片數量「自豪」，但如果不加以整理，就難以活用。基本上要依使用頻率分為：①使用組、②保留組，③庫藏組。使用組是目前進行中案子的聯絡客戶，可收納在名片整理器，這樣隨時都可以取出；保留組是工作告一段落，但還有可能聯絡的對象，先將名片放入名片簿中；庫藏組則是目前不聯絡的對象，將名片掃描歸檔，必要時再確認即可。

◆收到名片後……

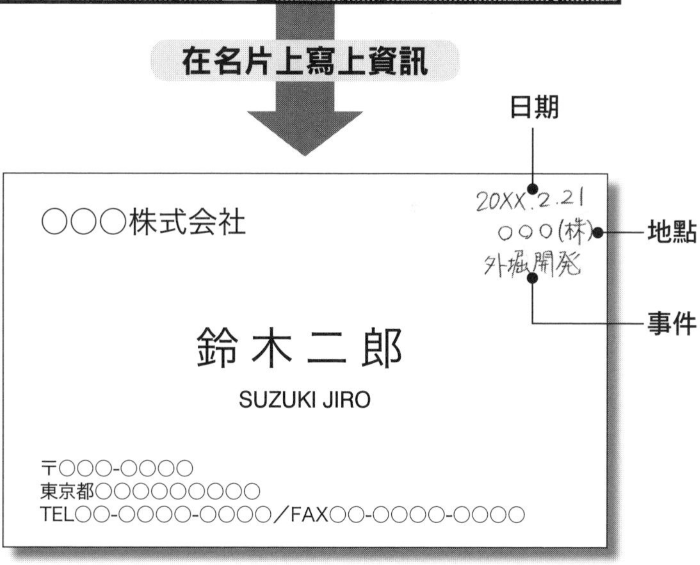

收到名片後，於右上方（通常此處都會有空白處）標記收到的日期、地點、事件等各種資訊，若這樣做，在下次會面時便可以此作為話題的開端，如此便能讓名片「有效化」。

2 名片保管新常識

將資訊標記在名片上，以這裡介紹的方式保管，徹底管理名片，這是整理事業人脈所不可欠缺的。

◆

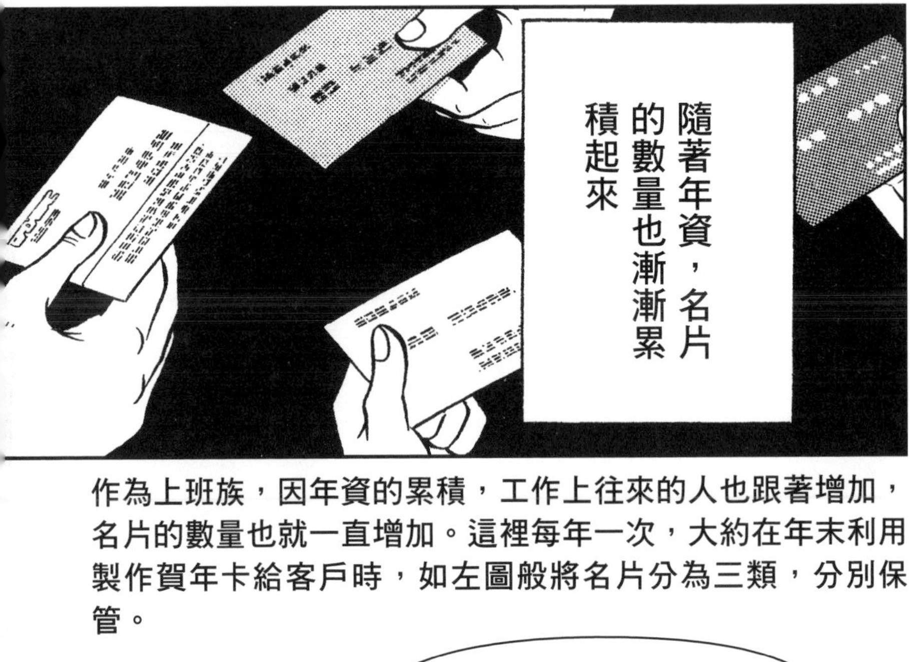
隨著年資，名片的數量也漸漸累積起來

作為上班族，因年資的累積，工作上往來的人也跟著增加，名片的數量也就一直增加。這裡每年一次，大約在年末利用製作賀年卡給客戶時，如左圖般將名片分為三類，分別保管。

將收到的名片以左圖的商品來保管。

名片整理器

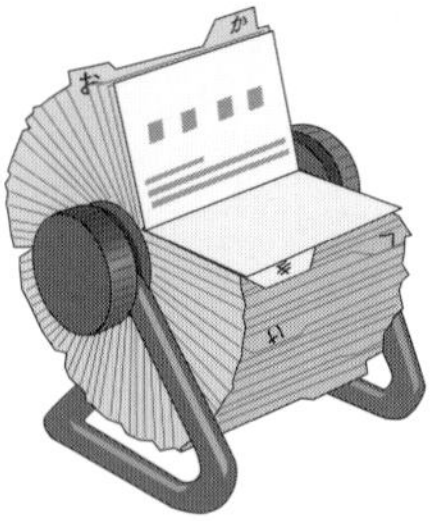

經常聯絡的人，存放在方便使用的名片處理器。

名片簿

已經不會經常聯絡對象的名片，就放到名片簿保管。

掃描文件

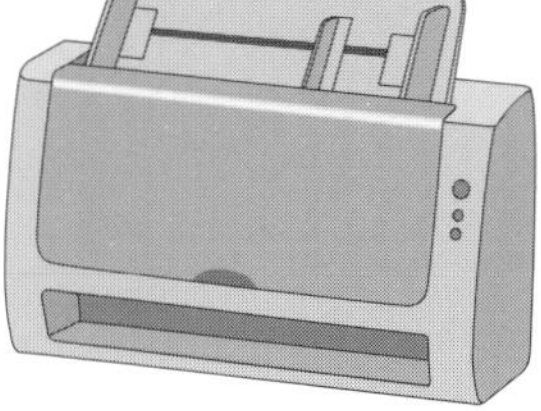

將不常使用的名片掃描至電腦裡面歸檔，然後將名片丟掉也沒關係。

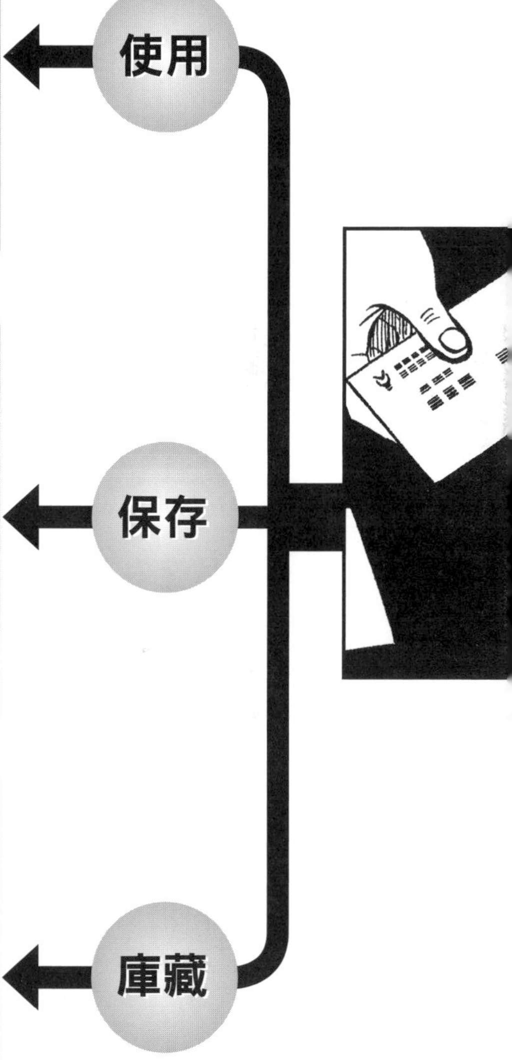

☞ 使用30頁所使用的多功能事務機也可以將名片資料化

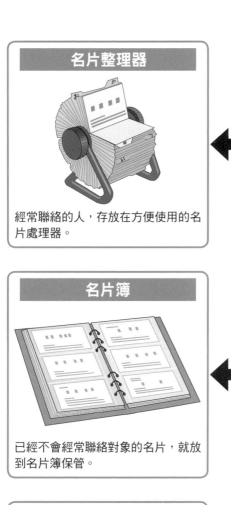

○○○株式会社
20XX.2.21
○○○(株)
外堀開発
鈴木二郎
SUZUKI JIRO
〒○○○-○○○○
東京都○○○○○○○○○
TEL○○-○○○○-○○○○／FAX○○-○○○○-○○○○

第 4 章

本節重點❷

7 為了讓工作順暢，徹底「報告、聯絡、協商」。
☞P132

8 「報告、聯絡、協商」的時候，一定要從傳達給自己的上司開始。
☞P132

9 將自己的想法正確的傳達給對方，依循「5W1H」展開對話。
☞P134

10 收到名片後，於右上方的空白處寫上「時間、地點、事項」等資訊。
☞P136

11 堆積的名片分為「使用」、「保存」、「庫藏」三類來保管。
☞P138

12 「庫藏」，顧名思義很少有機會用到，最好掃描至電腦將其資料化。
☞P139

後記

整理術的奧義

最後，我們來看看關於「整理」的重要想法，這可說是本書的奧祕大集結。為了讓工作更順暢，請務必閱讀。

可以說出「整理」和「整頓」之間的差異嗎？

1 「整理」和「整頓」的差異

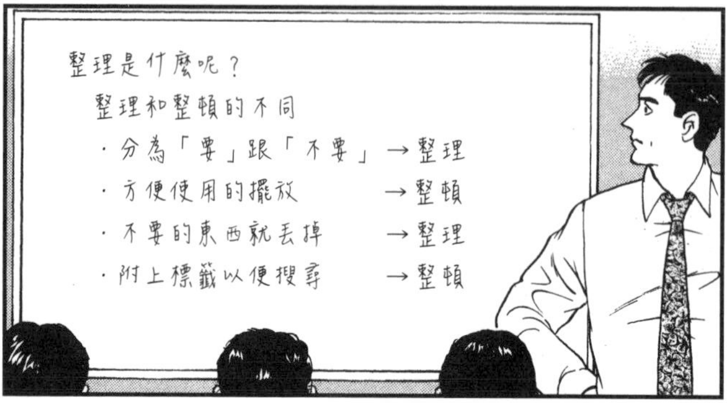
整理是什麼呢？
整理和整頓的不同
・分為「要」跟「不要」 →整理
・方便使用的擺放 →整頓
・不要的東西就丟掉 →整理
・附上標籤以便搜尋 →整頓

好好理解「整理」和「整頓」的差別是很重要的。

雖然「整理」總是被認為是「完成、整理」的意思，但其實不然，「整理」首先要區分「必要」跟「不必要」的東西，不要的就立即丟掉，也就是說可以立即使用的狀態。

例如東西排列得再怎麼整齊，如果使用起來不順手，那就失去整理的意義了；反之，雖然看起來有些凌亂，但卻可以從容取得需要的東西，就是充分展現「整理」的狀態。

打造舒暢的工作環境，提高工作效率，人生會變得很充實，這才是「整理」的真義。

整理

❶「分類」成要跟不要

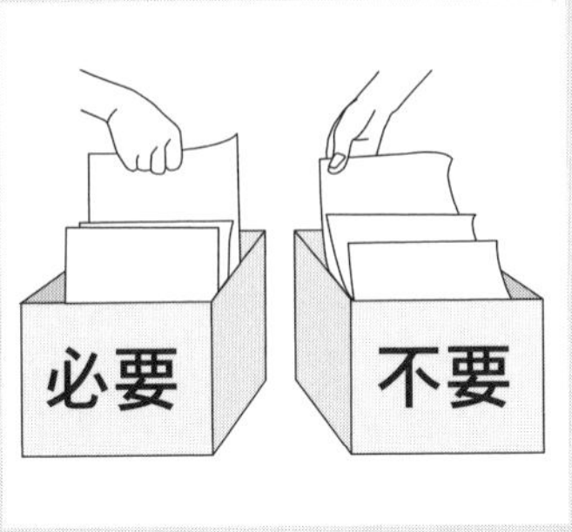

❷不要就立刻「丟掉」

整頓

❶便於使用的「排列」

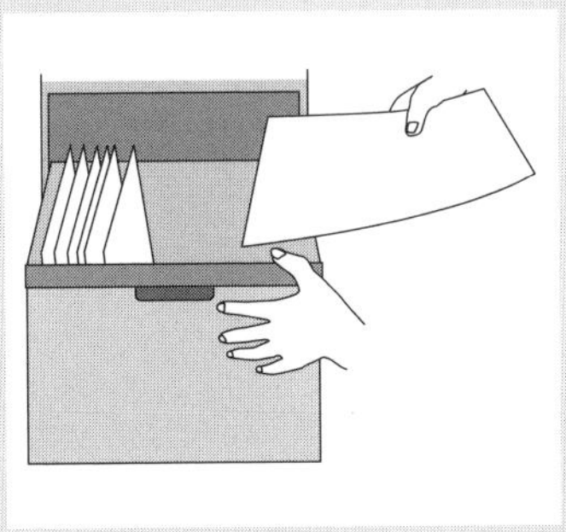

❷貼上易於搜尋的標籤

「整理」和「整頓」本來就是不一樣的東西，但是將它們一體化，就可以達到「真的整理」。

2 「整理」會讓人變成如何？

整理周遭的東西、各式各樣的資料和自己的腦子，都是提高效率的重點，也是邁入充實人生的開端。

工作上會用到

東西　資料

頭腦

↓

整理

↓

時間充裕

- 不會被工作追趕
- 增加視野
- 產生不錯的構想

舒暢的工作環境

- 能夠使用的空間變寬廣了
- 心情愉悅
- 工作欲望高

技能提升

- 給予企劃跟新提案好的影響
- 在公司內外受到相當高的評價
- 同時提升經歷

充實的人生

- 獲得私人時間
- 擴大行動及交流的範圍
- 實現自我成長

「跳脫完美主義」將引導至成功之路

1 停止完美主義

不擅長「整理」的人，因為太過理想化，過於追求完美，導致容易陷入「為了整理而整理」的黑洞。

即使整理得井然有序，但不符合實際的應用，使用起來也不順手，弄不清楚什麼東西擺在哪裡，資料跟文具都是如此，結果將會耗費很多時間在搜尋上。但是看看其他人雖然散亂，卻可以立刻找出什麼東西放在哪裡。如果可以把握自己應該整理的是什麼，誰都可以有效率的進行工作。

設定整理的目的

○

- 解除現狀的問題點。
- 首先，將能夠整理的部分「確實」整理。

現實主義

實現可能

成功

×

- 完美無缺的狀態。
- 將外觀整理得非常完美。

完美主義

「美夢」結束

失敗

2 質量重於外觀

- 即使有些凌亂，好比辦公桌上，需要的東西如果可以在20秒內就拿到，基本上一點點凌亂是沒有關係的。
- 依照業種的不同，辦公桌周圍的樣子多少不太一樣，但是要常常意識到「什麼東西放在哪裡」，且不要拘泥於外觀的美醜。

3 掌握整理的東西

物 品

☐辦公桌周圍
☐文件、郵件、電子文件
☐書架
☐包包
其他

☞第一章

資 訊

☐電腦的關係
☐資訊素材（報導等）
☐便條紙、便利貼
☐記事本
其他

☞第二章

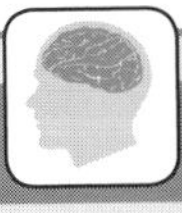

頭 腦

☐混亂狀態
☐想法
☐思考
☐精神面（心）
其他

☞第三章

工 作

☐工作內容
☐安排
☐話術
☐名片（人脈管理）
其他

☞第四章

本書將「整理」分別以「物品」、「資訊」、「頭腦」、「工作」四類作為題目，若能就此實踐，不僅產能提高，自己的時間就能變得有餘裕。總之，「工作效率」的提升，就從整理開始。

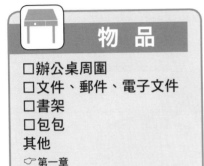

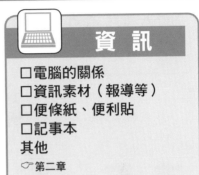

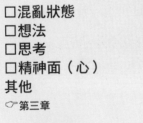

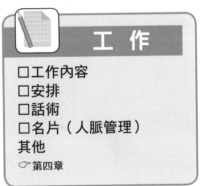

整理術的奧義

丟棄不要的東西的判斷基準

1 基本的「丟棄方式」

暑假或春假、新年休假前，若有時間，每年進行兩次整理，此時最好按照以下的整理順序來丟棄東西。

確認

各種資訊、資料、文件等，全都要確認過。

不要的東西一增加，尋找的動作必然也會跟著變多，所以「整理」的工作是不可或缺的。而這時候「丟掉」就是重點，如果可以設定一定的基準，就很好判斷「丟掉」的原則。

例如：①所有的東西、資訊和文件都看過一次，留下工作上需要的東西（資料），其餘丟掉；②「收納的空間放不下了」、「超過一定的時間」等，按照空間和時間的尺度限制來丟棄；③難以判斷是否丟棄的東西，先放進保留箱中，如果到下回整理以前都未曾用到就丟掉。反正，丟東西的時候一定要有堅強的意志。

❶不要丟

保留工作上必要的東西（過時的資訊和資料就丟掉）。

☞具體的整理方法請參照的第一、二章

❷丟掉

以①時間、②空間做為判斷基礎，決定是不是該丟掉。。

☞請參照次頁

❸保留

無法判斷是不是可以丟掉，就放進保留箱中，下次整理以前都未使用到，不要猶豫，就丟掉吧！

2 以「時間和空間」作為判斷基準

◆「必要的東西」和「不要的東西」

本來「整理」的意思就是將東西分為「要」跟「不要」，不要的就丟掉。「必要的東西」、「不要的東西」各自依下列的規則來定義。

必要的東西	例如「關注度」不會因為時代的變遷而減少的東西。
不要的東西	「關注度」隨著時間的流逝減少，且不被使用的情況。

隨著「時間」而變得不重要，就是不要的東西。
隨著「時間」而增加，就是要保存的東西。
「空間」不夠的時候，就一定要丟掉。

「時間和空間」可說是「丟」的衡量基準。

判斷基準❶　時間

- 隨著時間的經過變得不重要
- 最近都用不到

判斷基準❶　空間

- 遠遠超過保管空間的容許量

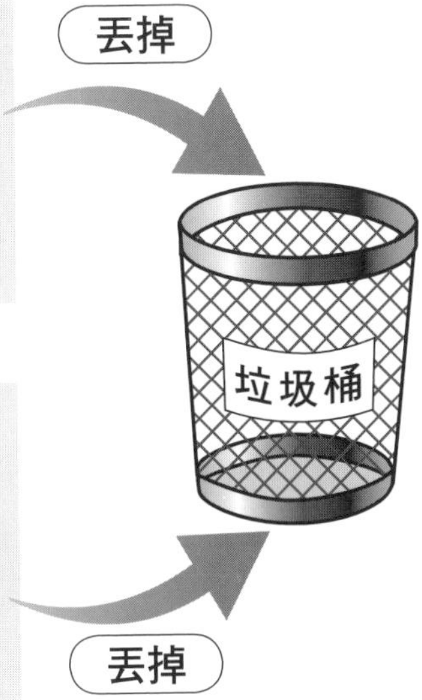
丟掉
垃圾桶
丟掉

整理時的重點就是認清「時間」、「空間」。
SCRAP

整理術的奧義

現在該從哪裡開始著手比較好？

根據之前解說的，到目前為止，應該可以大略理解「整理」的意義，試著重新確認自己的工作現況吧！

左頁的確認清單，分別列出工作上最容易遇到的問題，依此思考自己的工作狀況，究竟是落在哪幾個方面，根據每個人的狀況，或多或少都有些不同，但這不是考試，即便數量很多也不要太在意。

這是根據檢核清單的狀況，進行項目改善的「整理術」

基本的「丟棄方式」

著重考慮「整理」的基本，仔細確認目前自己在公司的狀態，掌握問題，這樣應該就可以知道該從哪邊開始整理了。

了解「整理重點」的檢核清單

Q. 工作上，你的問題是什麼呢？

□負責的工作種類繁多	☞物品、資訊、頭腦、工作
□一天的工作量太大	☞物品、資訊、頭腦、工作
□工作以外的雜事太多	☞物品、資訊、頭腦、工作
□工作上資料的種類和數量太多	☞物品、工作
□資訊一不小心就累積起來	☞資訊
□要查詢的東西很多	☞物品、資訊、頭腦
□顧客和客戶的電話太多	☞物品、資訊
□工作上出外勤的時間很多	☞頭腦、工作
□花費時間拿取資料	☞物品、資訊
□資料和文具很容易找不到	☞物品
□整理完很快又凌亂	☞物品
□一早就沒有工作的心情	☞頭腦
□無法將想法整理集結	☞頭腦
□工作進度容易延遲	☞工作
□不管什麼工作都想要完美呈現	☞頭腦、工作
□跟上司、同事的聯繫老是有問題	☞工作
□一個人所負擔的工作量太大	☞頭腦、工作
□容易因對方的情況被左右	☞工作
□工作上的失誤和問題很多	☞頭腦、工作

依照不同問題分別按照個章節確認！
「物品」：第一章　「資訊」：第二章
「頭腦」：第三章　「工作」：第四章

國家圖書館出版品預行編目資料

上班族整理術 / 弘兼憲史著；譯者：朱信如.
—— 初版. —— 臺北市：商周出版：家庭傳媒
城邦分公司發行, 2009. 07
面； 公分.——（新商業周刊叢書：0330）
ISBN 978-986-6472-91-6（平裝）
1. 事務管理　2. 資料保存與維護　3. 檔案整理
4. 工作效率
494.4　　98009132

新商業周刊叢書　BW0668

弘兼憲史上班族整理術

原出版者／幻冬舍
原 著 者／弘兼憲史
譯　　者／朱信如
企劃選書／王筱玲
責任編輯／王筱玲、劉芸
版　　權／陳孟姝、翁靜如
總 編 輯／陳美靜
校對編輯／張曉蕊
行銷業務／林秀津、周佑潔、莊英傑、何學文
總 經 理／彭之琬

發 行 人／何飛鵬
法律顧問／台英國際商務法律事務所 羅明通律師
出　　版／商周出版
臺北市中山區民生東路二段141號9樓
電話：(02) 2500-7008　傳真：(02) 2500-7759
E-mail：bwp.service@cite.com.tw
發　　行／英屬蓋曼群島商家庭傳媒股份有限公司　城邦分公司
臺北市中山區民生東路二段141號2樓
讀者服務專線：0800-020-299　24小時傳真服務：02-2517-0999
讀者服務信箱E-mail：cs@cite.com.tw
劃撥帳號：19833503　戶名：英屬蓋曼群島商家庭傳媒股份有限公司城邦分公司
訂購服務／書虫股份有限公司客服專線：(02)2500-7718；2500-7719
服務時間：週一至週五上午09:30-12:00；下午13:30-17:00
24小時傳真專線：(02)2500-1990；2500-1991
劃撥帳號：19863813　戶名：書虫股份有限公司
E-mail：service@readingclub.com.tw
香港發行所／城邦(香港)出版集團有限公司
香港灣仔駱克道193號東超商業中心1樓
電話：852-2508 6231 傳真：852-2578 9337
E-mail：hkcite@biznetvigator.com
馬新發行所／城邦(馬新)出版集團
Cite (M) Sdn. Bhd.
41, Jalan Radin Anum, Bandar Baru Sri Petaling, 57000 Kuala Lumpur, Malaysia.
電話：(603) 9057-8822　傳真：(603) 9057-6622　E-mail: cite@cite.com.my

內文排版&封面設計／因陀羅
印　　刷／鴻霖印刷傳媒股份有限公司
總 經 銷／聯合發行股份有限公司　電話：(02)2917-8022　傳真：(02)2911-0053
新北市231新店區寶橋路235巷6弄6號2樓

■2009年7月初版　Printed in Taiwan
■2018年4月10日二版1刷
Chishiki Zero kara no Bijinesu Seirijutsu

定價260元

ISBN　978-986-6472-91-6

城邦讀書花園
www.cite.com.tw

商周出版

廣 告 回 函
北區郵政管理登記證
台北廣字第000791號
郵資已付，免貼郵票

104台北市民生東路二段141號2樓

英屬蓋曼群島商家庭傳媒股份有限公司　城邦分公司

請沿虛線對摺，謝謝！

商周出版

書號： BW0668	**書名：** 上班族整理術	**編碼：**

請於此處用膠水黏貼

商周出版

讀者回函卡

謝謝您購買我們出版的書籍！請費心填寫此回函卡，我們將不定期寄上城邦集團最新的出版訊息。

姓名：________________

性別：□男　□女

生日：西元________月________日________

地址：________________

聯絡電話：________________ 傳真：________________

E-mail：________________

職業：□1.學生 □2.軍公教 □3.服務 □4.金融 □5.製造 □6.資訊
□7.傳播 □8.自由業 □9.農漁牧 □10.家管 □11.退休
□12.其他________________

您從何種方式得知本書消息?

□1.書店□2.網路□3.報紙□4.雜誌□5.廣播 □6.電視 □7.親友推薦
□8.其他________________

您通常以何種方式購書?

□1.書店□2.網路□3.傳真訂購□4.郵局劃撥 □5.其他________

您喜歡閱讀哪些類別的書籍?

□1.財經商業□2.自然科學 □3.歷史□4.法律□5.文學□6.休閒旅遊
□7.小說□8.人物傳記□9.生活、勵志□10.其他________

對我們的建議：________________

____

____

____

請於此處用膠水黏貼